ZEITSCHRIFT FÜR ANGEWANDTE GEOLOGIE

HERAUSGEGEBEN VOM
ZENTRALEN GEOLOGISCHEN INSTITUT
IM AUFTRAG DES
STAATSSEKRETARIATS FÜR GEOLOGIE

AUS DEM INHALT

Th. Kaemmel, J. Pilot, H. J. Rösler & M. Schwab
Radiogeochronologische Daten vom Perm der DDR zur Gewinnung von Eichpunkten für die internationale geochronologische Skala

R. Spengler
Neuere Erkenntnisse über die Grundwasserneubildung durch Infiltration in Abhängigkeit von geologischen und anderen Faktoren

L. Richter
Problematik der Berechnung nichtstationärer Grundwasserströmungen durch Vorgabe von Absenkungsstadien

V. Manhenke
Die Kartierung der hydrogeologischen Verhältnisse bei der Vorerkundung der Braunkohlenlagerstätte Hatzfeld

R. Rösler & R. Stoll
Zur experimentellen Bestimmung des Schubmoduls aus vibratorseismischen Messungen in situ

W. B. Sollogub
Einige Probleme des Verhältnisses oberflächennaher Strukturen zum Tiefenbau der Erdkruste im Südwesten der UdSSR

AKADEMIE-VERLAG · BERLIN

BAND 16 / HEFT 2
FEBRUAR 1970
SEITE 57–112

	INHALT	СОДЕРЖАНИЕ	CONTENTS	
KAEMMEL, TH., J. PILOT, H. J. RÖSLER & M. SCHWAB	Radiogeochronologische Daten vom Perm der DDR zur Gewinnung von Eichpunkten für die internationale geochronologische Skala	Радиогеохронологические данные из перми ГДР для получения эталонных точек для международной геохронологической шкалы	Radiogeochronological Data of the Permian in the G. D. R. for Obtaining Calibration Points for the International Geochronological Scale	57
SHDANOW, M. A., & I. S. GUTMANN	Einige Aspekte zur Berechnung der Ausgangsparameter bei Anwendung der Volumenformel zur Berechnung von Erdöl- und Erdgasvorräten	Некоторые аспекты расчета исходных параметров при применении объемной формулы подсчета запасов нефти и газа	Some Aspects of Calculating the Initial Parameters when Using the Volume Formula for Calculating Oil and Gas Resources	63
BOLOTOW, L. A.	Über den Erkundungsgrad von Erzlagerstätten, die für die industrielle Nutzung vorbereitet werden	О степени разведанности рудных месторождений, подготавливаемых для промышленного освоения	On the Degree of Exploration of Ore Deposits Being Prepared for Industrial Exploitation	66
SPENGLER, R.	Neuere Erkenntnisse über die Grundwasserneubildung durch Infiltration in Abhängigkeit von geologischen und anderen Faktoren	Новые данные о новообразовании грунтовых вод путем инфильтрации в зависимости от геологических и других факторов	More Recent Knowledge of the New Formation of Ground Water by Infiltration as Dependent on Geological and Other Factors	69
Richter, L.	Problematik der Berechnung nichtstationärer Grundwasserströmungen durch Vorgabe von Absenkungsstadien	Проблематика подсчета нестационарных потоков грунтовых вод запланированием стадий понижений	The Problematic Character of Calculating Non-Steady Ground Water Flows by Giving Lowering Stages	76
MANHENKE, V.	Die Kartierung der hydrogeologischen Verhältnisse bei der Vorerkundung der Braunkohlenlagerstätte Hatzfeld	Картирование гидрогеологических условий при предварительной разведке месторождения бурых углей Хатцфельд	Hydrogeological Conditions Mapped during the Preliminary Exploration of Hatzfeld Brown-Coal Deposit	78
LEENHARDT, O.	Kontinuierliche seismische Präzisionsprofilierung	Непрерывное сейсмическое прецизионное зондирование	Continuous Seismic Precision Probing	89
RÖSLER, R., & R. STOLL	Zur experimentellen Bestimmung des Schubmoduls aus vibratorseismischen Messungen in situ	Экспериментальное определение модуля сдвига по вибрационно-сейсмическим измерениям in situ	Experimental Determination of the Modulus of Shear Deformation from Vibrator-Seismic in-situ Measurements	94
SOLLOGUB, W. B.	Einige Probleme des Verhältnisses oberflächennaher Strukturen zum Tiefenbau der Erdkruste im Südwesten der UdSSR	Некоторые проблемы соотношения приповерхностных структур с глубинным строением земной коры на юго-западе СССР	On the Relation between Structures near the Surface to Structures in the Depth of the Earth's Crust in the South-West of the U.S.S.R.	97
ŽEŽULKA, J.	Zu einigen Fragen der Entwicklung der Weltrohstoffbasis, referiert von K. KAUTER	О некоторых вопросах развития запасов минерального сырья в мире. Реф. К. Каутер	Some Problems Connected with the Development of the World Basis of Raw Materials, Abstracted by K. KAUTER	105

Besprechungen und Referate, Neuerscheinungen und Literaturhinweise, Informationen, Kurznachrichten 107

Die ZEITSCHRIFT FÜR ANGEWANDTE GEOLOGIE berichtet ständig über folgende Arbeitsgebiete: Geologische Grundlagenforschung und Lagerstättenforschung / Methodik der geologischen Erkundung / Ökonomie und Planung der geologischen Erkundung / Technik der geologischen Erkundung / Geologie und Lagerstättenkunde im Ausland. In der Zeitschrift können alle strittigen Fragen der praktischen Geologie behandelt werden. Die Autoren übernehmen für ihre Aufsätze die übliche Verantwortung.

ZEITSCHRIFT FÜR ANGEWANDTE GEOLOGIE

Träger der Ehrennadel in Gold der Gesellschaft für Deutsch-Sowjetische Freundschaft

BAND 16 · JANUAR 1970 · HEFT 2

Radiogeochronologische Daten vom Perm der DDR zur Gewinnung von Eichpunkten für die internationale geochronologische Skala

THOMAS KAEMMEL, Berlin, JOACHIM PILOT, Freiberg, HANS JÜRGEN RÖSLER, Freiberg, & MAX SCHWAB, Halle

1. Einleitung

Eine der wesentlichen Aufgaben der Isotopengeologie ist die Messung der geologischen Zeitgrößen. Eine bedeutsame Teilaufgabe ist hierbei insbesondere die Messung der Zeit im Rahmen der geochronologischen Skala, einem Angelpunkt in der geologischen Grundlagenforschung. Von geologischer Seite werden dabei vornehmlich zwei Aufgaben gestellt, nämlich die Messung der Zeit im Bereich des Präkambriums und die Messung der geologischen Zeit vom Kambrium bis zur Gegenwart. Im ersten Fall ist die Radiogeochronometrie die einzige universell anwendbare Methode zur Ermittlung auch der relativen zeitlichen Einordnung von geologischen Ereignissen, so z. B. die Erfassung des Nacheinanders verschiedener Gebirgsbildungen. Im zweiten Fall existiert bereits eine genaue relative Zeitskala auf biochronologischer Grundlage, den Leitfossilien, geologisch kurzzeitig existierenden Tier- oder Pflanzenarten bzw. -assoziationen, die möglichst weit verbreitet waren. Diese Zeitspanne vom Kambrium bis zur Gegenwart, die durch Leitfossilien zeitlich relativ scharf gegliedert ist, wird unter dem Begriff Phanerozoikum zusammengefaßt. Der Radiogeochronologie obliegt es, in diesem Zusammenhang, Absolutwerte für diese relative Zeitskala letzten Endes mit dem Ziel einer Eichung zu schaffen. Diese Aufgabe hat internationalen Charakter. Die Kommission für Geochronologie der „International Union for Geological Sciences" stellte zur Lösung dieses Problems die Aufgabe, durch die Mitarbeit aller Länder ein Netz von Eichpunkten zu finden, die im Laufe der Zeit allseitig unter geochronologischem Aspekt untersucht werden sollen, um so eine den geologischen und physikalischen Möglichkeiten entsprechende genaue Eichung dieser internationalen geochronologischen Skala des Phanerozoikums vornehmen zu können (ANONYM 1966 und 1968).

An Gesteine für Eichpunkte der geochronologischen Skala werden mehrere Bedingungen gestellt.

1. Sie müssen biostratigraphisch direkt und gut datiert sein.

2. Das radiogeochronometrisch ermittelte Alter des Gesteins oder des Kristalls muß das petrogenetische oder kristallgenetische Ereignis widerspiegeln, das der biostratigraphischen Datierung entspricht, also z. B. die primäre Entstehung und nicht eine darauffolgende Umwandlung, d. h., es lautet die Bedingung: Korrespondenz zwischen biostratigraphischem und radiogeochronologischem Alter.

Es muß möglich sein, das biostratigraphisch bekannte Alter des Gesteins mit mehreren voneinander unabhängigen radiogeochronometrischen Methoden festzustellen.

Die an der Analyse beteiligten Laboratorien müssen über entsprechende Eichproben verfügen, um die Qualität ihrer Analysen kontrollieren zu können (AFANASJEW & SYKOW 1968).

In der DDR sind in diesem Sinne, verbunden mit der Lösung von spezifischen Aufgaben der geologischen Forschung in der DDR, Untersuchungen im Perm, dessen Gesteinsformationen, wie bekannt, für die Rohstoffversorgung der DDR sehr bedeutsam sind, vorgenommen worden. Die uns nächsten geochronologischen Eichpunkte in Europa liegen nach dem von der geochronologischen Kommission 1966 gebilligten Stand und den unten erwähnten Bedingungen in Norwegen, im Norden der Timan-Berge und im Vorural (HOLMES-Festschrift 1964, ANONYM 1966/1968). In der DDR liegen diesbezüglich außer den hier behandelten Angaben radiogeochronometrischer Daten nur Bestimmungen aus Rhyolithen Nordwestsachsens vor, die biostratigraphisch nicht näher charakterisiert sind (AFANASJEW u. a. 1964).

2. Zur stratigraphischen Stellung der untersuchten Rhyolithe und langbeinitischen Kalisalze

Im Perm der DDR genügen der ersten Bedingung, also der Forderung, daß das biostratigraphische Alter direkt und gut bestimmbar ist:

1. die Vulkanite und ihre Tuffe im unteren Perm, soweit sie mit leitfossilführenden Gesteinsserien in direkter Verbindung stehen, und

2. die kalisalzführenden Horizonte in den Salzablagerungen des Zechsteins.

Diese beiden Gesteinsserien haben in der biostratigraphischen Skala folgende Position: Die permischen Vulkanite kommen im Autun, die Kalisalzgesteine in den vier Zyklen des Zechsteins vor. Die untersuchten Gesteine gehören zu den rotliegenden Vulkaniten (Rhyo-

Eingang des Manuskripts in der Redaktion: 4. 11. 1969.
Vortrag, gehalten auf der ASTI 1969 in Leipzig.

lith von Quetz, Autun) und den salinaren Ausscheidungen im Zechsteinmeer (K-führende Salze der Werra- und Staßfurtserie). In der Lokalgliederung des Halleschen Raumes liegt der Rhyolith (Porphyr) an der Basis des sogenannten Autun II.

2.1. Das orthostratigraphische Alter von Rotliegend und Zechstein

Das Einordnen der lithofaziellen Abteilungen des „Rotliegenden" und des „Zechsteins" in die Orthostratigraphie des Perms ist mit absoluter Sicherheit nicht möglich, da sich die Sedimente beider Abteilungen gegenseitig vertreten können (vgl. z. B. PLUMHOFF 1966). Die gebräuchliche Verwendung der Termini „Rotliegendes" für die orthostratigraphische Abteilung des Unterperms und „Zechstein" für das Oberperm ist biostratigraphisch nicht gesichert, da in den terrestrischen bis schelfgebundenen Ablagerungsräumen Mitteleuropas die für eine orthostratigraphische Parallelisierung erforderlichen marinen Faunen (Ammonoideen, Foraminiferen) fehlen bzw. nur durch endemische Arten vertreten werden. Da zwischen Ost- und Mitteleuropa sowie zwischen Süd- und Mitteleuropa im Perm keine marinen Beziehungen bestanden, wird eine Eingliederung des mitteleuropäischen Perms in das orthostratigraphische System über Nordeuropa, insbesonders über die permischen Ablagerungen des Barentschelfs und Grönlands, mit Hilfe von Brachiopoden, Bryozoen, Foraminiferen, Korallen und der Mikroflora (Pollen und Sporen) angestrebt. Parallelisierungen sind auch durch den Vergleich der arktokarbonischen Floren möglich, doch setzen sie bereits orthostratigraphisch gesicherte Schichten voraus. Ähnliches gilt für die prinzipiell möglichen Vergleiche mit Hilfe der Tetrapoden und ihrer Fährten.

Erschwert wird das Einordnen der nichtmarinen Gebiete in die Orthostratigraphie durch noch bestehende Differenzen in den Einstufungen der marinen Räume selbst.

Die derzeit gebräuchliche Eingliederung der mitteleuropäischen permischen Ablagerungen in das orthostratigraphische System ist in der Tabelle dargestellt (vgl. auch KATZUNG 1968).

Die Parallelisierung des Beginns des Autuns mit dem Anfang der Sakmar-Stufe ist parastratigraphisch belegt

Tabelle

System	Abteilung	Stufen mariner Räume	Stufen in Mitteleuropa (Kontinental)
Perm	Oberperm (Zechstein)	Tatar	?
		Kasan	Thuring
		(Kungur)[1]	
	Unterperm (Rotliegend)	Artinsk	
		Sakmar	„Saxon"
		(Assel)	und Autun

[1] Siehe: RUSHENZEW u. a. 1965 sowie LICHAREW u. a. 1964.

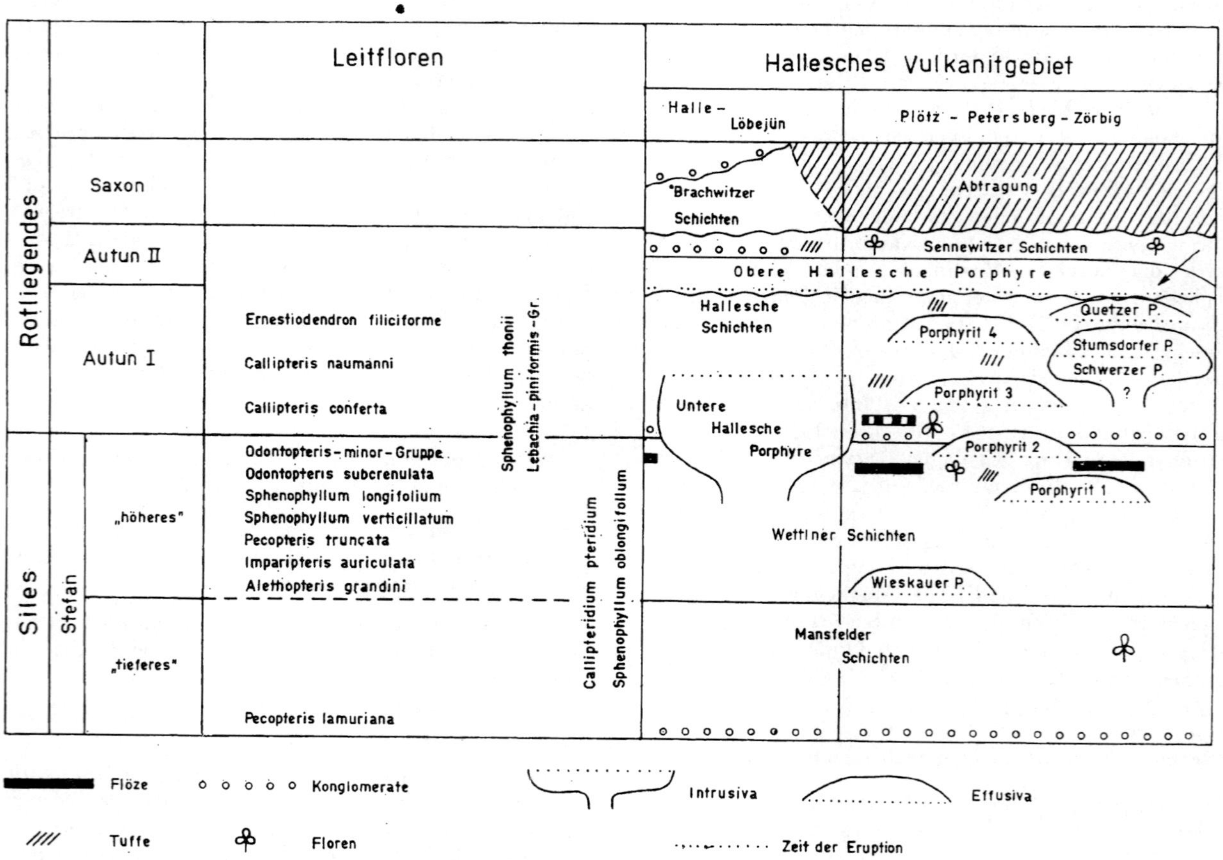

Abb. 1. Regionale stratigraphische Position des Quetzer Porphyrs (Rhyolith)

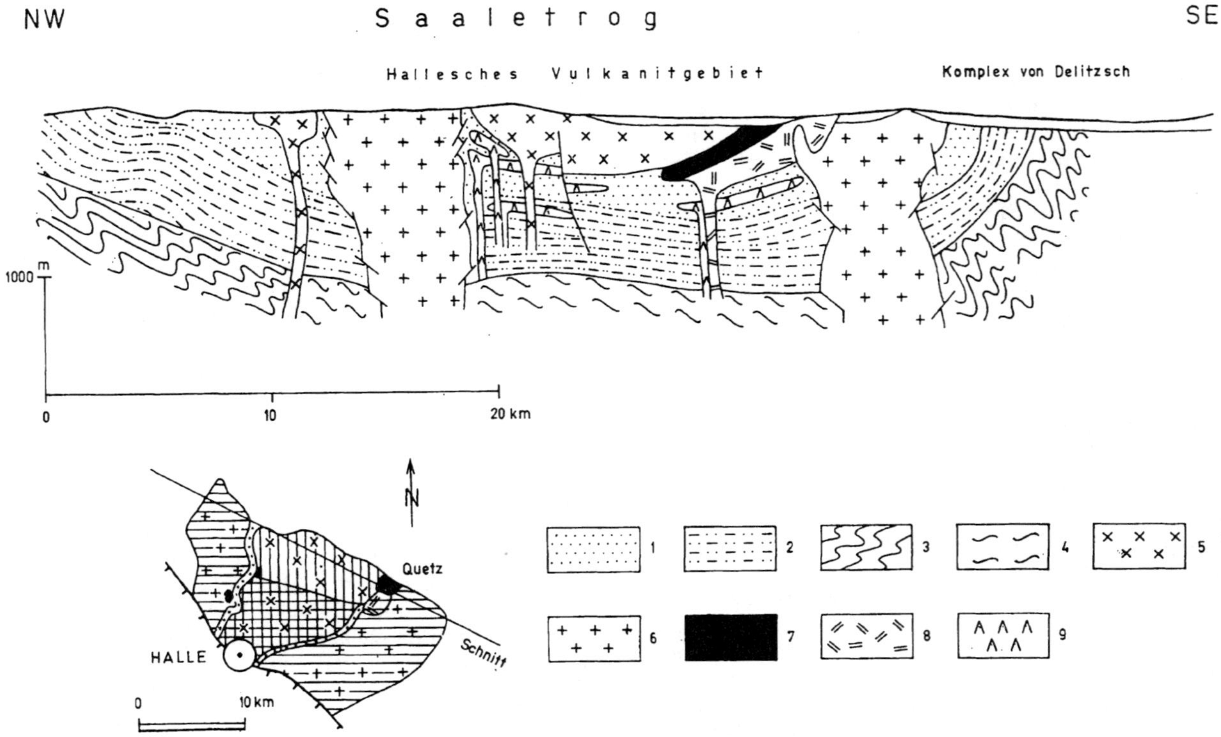

Abb. 2. Regionale geologische Position des Quetzer Porphyrs

1 – Hallesche Schichten, 2 – Wettiner und Mansfelder Schichten, 3 – Phyllit und Schiefergebirge, 4 – Kristallin der Mitteldeutschen Schwelle, 5 – Obere Hallesche Porphyre, auch senkrecht schraffiert, 6 – Untere Hallesche Porphyre, auch horizontal schraffiert, 7 – Quetzer Porphyr, 8 – Schwerzer Porphyre, 9 – Porphyrite (Das kreuzschraffierte Gebiet zeigt das bisher bekannte Gebiet der Überlagerung von Oberem Halleschem Porphyr über Unteren Halleschen Porphyr.)

(REMY & HAVLENA 1960, 1962; REMY 1964). Es begann theoretisch bereits mit der Assel-Stufe, da diese Grenze in der terrestrisch-limnischen Entwicklung des mitteleuropäischen Perms durch das erste Auftreten von *Callipteris conferta* und *C. naumanni* definiert ist. Dagegen fehlt ein biostratigraphisch fixierbarer Unterschied von Autun und Saxon. Das Saxon hat daher als biostratigraphisch definierte Stufe keine Berechtigung. Dies bedeutet, daß zwischen dem Unter- und dem Oberrotliegenden biostratigraphisch (floristisch) nicht unterschieden werden kann. Das Thuring unterscheidet sich vom Autun (+ „Saxon“) mit einem scharfen Einschnitt durch das plötzliche Erscheinen der mesophytischen Flora (Gymnospermen) im Zechstein (WEIGELT 1928; SCHWEITZER 1962). Es kann deshalb mit einer größeren zeitlichen Lücke zwischen dem „Rotliegenden“ und dem „Zechstein“ gerechnet werden, es sei denn, der Umschwung ist faziell bedingt. Die Parallelisierung der Zechsteinbasis mit der Transgression des Kasan-Meeres ist wahrscheinlich, doch ist zu beachten, daß der Transgression des Kupferschiefermeeres bereits eine marine Entwicklung vorausging (PLUMHOFF 1966). Der Kupferschiefer kann deshalb nicht die Zechsteinbasis darstellen und der Werra-Zyklus (Zechstein 1) nicht mit Sicherheit an den Anfang des Oberperms gestellt werden.

2.2. Die stratigraphische Stellung des Rhyoliths von Quetz

Die untersuchten Rhyolithproben stammen aus dem Rhyolith von Quetz. Der Rhyolith von Quetz gehört als Bildung des Halleschen Vulkanitgebietes zu den subsequenten Magmatiten der Innenmolasse des varistischen Orogens. Der subsequente Vulkanismus begann im Halleschen Raum im Stefan mit einem rhyodazitisch-quarzlatitischen Erguß und endete im Autun mit Rhyolithen (SCHWAB 1970). Nach ihrer Lagerung und dem Chemismus sind im Stefan und Autun acht Eruptivperioden festzustellen. Es wechselten saure und intermediäre Gesteine, doch herrschte die Tendenz einer Zunahme von Rhyolithen und der Abnahme von intermediären Gesteinen im Laufe der vulkanischen Entwicklung. Extrempazifischer bis schwachatlantischer Gesteinschemismus ist nur aus dem Stefan und dem tiefen Autun bekannt. Im höheren Autun treten mittel- bis schwachpazifische Typen auf. Zu ihnen wird auch der Rhyolith von Quetz (8. Eruptivperiode) gerechnet. Die Gesteine der 8. Eruptivperiode, die sogenannten Oberen Halleschen Porphyre, ergossen sich im höheren Autun als mächtige Deckenergüsse in eine vulkanotektonische Senke im epieugeantiklinalen Saaletrog (Abb. 1 und Abb. 2).

Die stratigraphische Datierung dieser Rhyolithe ergibt sich durch Florenfunde im Liegenden und Hangenden. Die Fundpunkte befinden sich u. a. in den Bohrungen Petersberg (KAMPE & REMY 1960), die den Petersberger Rhyolith durchteuften, und in den Kaolingruben bei Sennewitz im unmittelbar Hangenden dieses Ergusses. Es handelt sich um die Flora des Autuns der Halleschen und Sennewitzer Schichten mit Callipteriden der nicklesi-flabelifera-Gruppe, Sphenopteriden der germanica-oblongifolia-Gruppe, *Odontopteris lingulata*, *Ernestiodendron filiciformae* u. a. (vgl. REMY & KAMPE

1961). Die Eruption erfolgte in einer nach floristischen Gesichtspunkten unerheblichen Schichtlücke zwischen den liegenden Halleschen Schichten und den Sennewitzer Schichten im Hangenden. Der mit 400 m Mächtigkeit nicht durchbohrte Rhyolith von Quetz konnte bisher nicht unmittelbar in die vulkanologische Folge eingeordnet werden. Seine Zugehörigkeit zum benachbarten Petersberger Rhyolith wird petrographisch durch die gleichartige Ausbildung unterstrichen (SEYDEWITZ 1961). Varietäten mit sanidin-ähnlichen Kalifeldspaten sind in beiden Rhyolith-Typen verbreitet. KOCH (1966) ordnete ihn dem Stumsdorfer Porphyr zu. Die biostratigraphische Position innerhalb des Autuns ist gesichert.

2.3. Die stratigraphische Stellung der Kaliflöze der Werra-Serie (Z1) und der Staßfurt-Serie (Z2)

Die Werra-Serie ist ein progressiv aufgebauter salinarer Zyklus (Zechstein 1), der mit klastischen Gesteinen (Zechsteinkonglomerat, Kupferschiefer) begann und über karbonatische (Zechsteinkalk), sulfatische (Werraanhydrit) und halitische (Werrasteinsalz) Ablagerungen zu den Kalisalzen der Flöze Thüringen und Hessen führte. Die Zugehörigkeit der Werra-Serie zum Zechstein wird biostratigraphisch durch die marinen Faunen im Zechsteinkalk (Brachiopoden, MALZAHN 1937; Foraminiferen, PAALZOW 1935) und in den Riffdolomiten (Bryozoen, KORN 1930, DREYER 1961) belegt. Die Detailgliederungen des Kupferschiefers, des Zechsteinkalks und der Werra-Anhydrite haben unabhängig von der Mächtigkeit Gültigkeit für das gesamte Germanische Becken (JUNG 1968, RENTZSCH u. a. 1965), so daß die lithostratigraphische Position der Kaliflöze feststeht. Die Flöze Thüringen und Hessen sind auf das Werra—Fulda-Gebiet beschränkt. Biostratigraphisch von den Salzlagern des Z 1 nicht unterscheidbar ist der Z 2, die Staßfurt-Serie, aus deren Kaliflöz die meisten der untersuchten Langbeinite stammen. Die lithochemische Abfolge ist prinzipiell ähnlich wie im Z 1. Über dem Staßfurt-Ton und dem Basalkarbonat (Stinkschiefer, Hauptdolomit), z. T. als Anhydrit ausgebildet, und dem Steinsalz folgt das lokal langbeinitführende Kalilager (Kaliflöz Staßfurt). Darüber folgen wieder Steinsalz und Anhydrit (JUNG 1968).

3. Die Charakteristik der untersuchten K-Phasen

Nach ihrer Entstehung sind die Rhyolithe und die Salzgesteine verschiedenen Umwandlungen ausgesetzt gewesen, d. h., die obenerwähnte 2. Bedingung, wonach biostratigraphisches und radiogeochronologisches Alter korrespondieren, ist nicht ohne weiteres gegeben. Die Suche nach Gesteinsvorkommen bzw. Kristallvorkommen, die diese Bedingung einhalten, stellte sich als wissenschaftliches Hauptproblem heraus, wobei die Untersuchung auf der K-Ar-Methode basiert.

Als Kaliphasen, die für eine Untersuchung nach der K-Ar-Methode in Frage kommen, sind in diesen Gesteinen Biotit, Kalifeldspat, kalihaltiges Gesteinsglas bzw. Carnallit, Sylvin, Langbeinit und Polyhalit vorhanden.

Die früheren Untersuchungen an Magmatiten hatten ergeben, daß Biotit und Muskovit für K-Ar-Bestimmungen geeignet sind. Kalifeldspat ist in seiner Eignung umstritten (HAMILTON & FARQUHAR 1968). Sanidin wird als ein für die Bestimmung zuverlässiges Mineral angesehen. Über die anderen Kalifeldspatphasen besteht keine allgemein anerkannte Meinung. Gesamtgesteinsbestimmungen werden bei Vorliegen mehrerer Kaliumminieralien abgelehnt. Falls nur eine Phase vorkommt bzw. allen Phasen dasselbe Alter zukommt, sind Gesamtgesteinsbestimmungen möglich. Bestimmungen an der Glasphase sind in den meisten Fällen wenig geeignet, im allgemeinen nur an jungen Gesteinen (FECHTIG & KALBITZER 1966; KULP 1963).

Der im Zusammenhang mit der gestellten Aufgabe zunächst untersuchte Biotit aus einem Tuff Thüringens nahe der Grenze Stefan—Autun wurde wegen negativem Ausgang der Bestimmung einer Testprobe an der Grenze Autun — Stefan — das bestimmte Alter war etwa 100 Mill. a höher als das biostratigraphische[2]) — und der relativen Seltenheit dieses Minerals in den Vulkaniten nicht weiter untersucht. Gesteinsglas ist ebenfalls selten, und seine Eignung ist nicht klar. Ausgangsmaterial für die Untersuchungen im unteren Perm war trotz der ebenfalls umstrittenen Eignung der Kalifeldspat.

Außer den K-Ar-Bestimmungen an verschiedenen biostratigraphisch bekannten und vulkanologisch unterschiedlich zu bewertenden Rhyolithen, deren einzige bzw. wesentlich überwiegende K-Phase Kalifeldspat war, stand die Phasencharakteristik (BAMBAUER 1967) dieses Kalifeldspats im Mittelpunkt der Untersuchung. Dies war um so notwendiger, als sich herausstellte, daß nur an relativ selten vorkommenden Rhyolithen mit sanidinähnlicher Kalifeldspatphase geeignete Altersbestimmungen möglich sind.

In den Salzgesteinen war das wesentliche Hauptproblem, diejenige K-Phase zu erfassen, welche die Forderung nach Kongruenz von biostratigraphischem und radiogeochronologischem Alter am besten erfüllt.

K-Ar-Datierungen an Sylvinen haben nur in sehr seltenen Fällen das primäre Bildungsalter ergeben. Im allgemeinen muß man mit erheblichen Argonverlusten rechnen. Die Ursachen dafür sind wohl bis heute noch nicht endgültig geklärt. Eine Ursache könnte in den Argonverlusten durch Volumendiffusion zu suchen sein. Natürliche Sylvine haben eine relativ große Diffusionskonstante ($D \sim 1 \cdot 10^{-19}$ cm^2 · sec^{-1}, GENTHNER u. a. 1953). Korrekturen auf Grund dieser Volumendiffusion ergaben z. B. beim Bugginger Salzlager bei weitem nicht das Alter der primären Bildung (LIPPOLD & GENTHNER 1963); andererseits werden bei dieser Lagerstätte wesentliche postsedimentäre Umbildungsvorgänge abgelehnt (BRAITSCH 1962).

Die Tatsache, daß künstlich gezogene KCl-Einkristalle um mehrere Zehnerpotenzen kleinere Diffusionskonstanten aufweisen (RICHTER & ZIEMEN 1965), läßt vermuten, daß auch in der Natur geeignete Sylvine vorkommen könnten. Tatsächlich findet man in der Literatur einige Altersdaten von Sylvinen, welche die primäre Sedimentation in etwa angeben. Das sind aber nur Ausnahmefälle.

In den letzten Jahren zeigte sich, daß das Mineral Langbeinit recht gut für die K-Ar-Datierung von Salzlagerstätten bzw. von Metamorphosen in diesen geeignet ist (PILOT & RÖSLER 1967). Eine experimentelle Bestimmung der Diffusionskonstanten ergab einen Wert von näherungsweise $D \sim 10^{-34}$ cm^2 sec^{-1}. Langbeinit speichert Argon recht gut. Darüber hinaus neigt er nur

[2]) Biotit aus Öhrenstocker Tuff (379 und 366 Mill. a, VERNADSKIJ-Institut, Moskau).

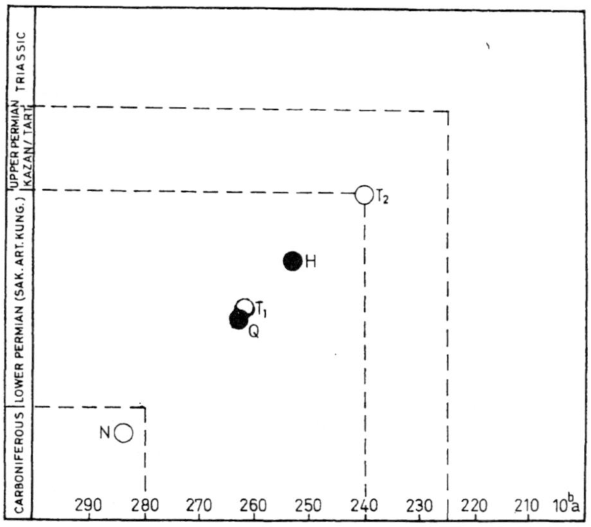

Abb. 3. Die Position der europäischen Bestimmungspunkte für die geochronologische Skala des Perms (auf der Basis von SMITH in der HOLMES-Festschrift 1964, gegenüber AFANASJEW 1968 keine Veränderung)

N — Essexitporphyrit, Sande, Norwegen; T_1 — Kalkstein, Nordtiman, UdSSR; T_2 — Sylvinit, Solikamsk, UdSSR; Q — Quetzer Porphyr; H — Langbeinit aus der Werra- und Staßfurt-Serie. (An der Abszisse ganz rechts lies: 10^6a)

in geringem Maße zu Umlagerungen. Die Stabilität des Langbeinits, dessen K-Atome in einem Gerüst von $[Mg_2^{[6]}(SO_4)_3]^{2-}$ sitzen, wird kristallographisch durch die gute elektrostatische Absättigung erklärt (ZEMANN & ZEMANN 1957). Ein merklicher Gehalt von radiogenem Überschußargon ist nicht festgestellt worden.

4. Ergebnisse und Altersbestimmungen[3])

Im Raum der DDR gibt es biostratigraphisch genau genug bekannte permische Rhyolithe und Salzgesteine, die als Eichpunkte für die internationale geochronologische Skala in Frage kommen. Es gelang, Kristallphasen zu ermitteln, für die die Bedingung der Kongruenz von biostratigraphischem und radiogeochronologischem Alter zutrifft. Überraschenderweise handelt es sich hierbei nicht um den verbreiteten sogenannten Orthoklas in Rhyolithen und um die beiden K-Hauptphasen Carnallit und Sylvin in Salzgesteinen, sondern einerseits um einen reliktischen Hochtemperatur-Kalifeldspat, der sich in einem instabilen Zustand, dem des Sanidinzustandes möglichst nahekommenden, befindet (KAEMMEL 1970), sowie andererseits, wie erwähnt, um Langbeinit, einem Mineral, das lokal im Rahmen der frühen diagenetischen Umwandlungsphase gebildet wurde und für das die Kongruenzbedingung exakt nur mit Einschränkung zutrifft.

Die an vier Rhyolithproben mit instabilen Kalifeldspatphasen, deren Na-Komponente noch nicht entmischt war, durchgeführten K-Ar-Bestimmungen ergaben (Q): 263 ± 16 Mill. a (4 Proben). Alle Meßwerte sind Doppelbestimmungen mit einem Fehler von 20 Mill. a. Die an ausgewählten Langbeiniten durchgeführten Bestimmungen ergaben (H): 252 ± 19 Mill. a (14 Proben).

[3]) Die Ergebnisse der K-Ar-Bestimmungen sind durch das IGEM, Moskau, mit zufriedenstellenden Resultaten überprüft worden.

Genauere Messungen sind noch nicht abgeschlossen (RÖSLER, PILOT, KOCH, BLANK).

Damit ist erwiesen, daß es in der DDR Eichpunkte für die geochronologische Skala gibt. Die hier vorgelegten Altersbestimmungen passen sich etwa in das bisher vorliegende Bild ein (Abb. 3). Die Angaben sind jedoch trotzdem als vorläufig zu betrachten. Im vorliegenden Stadium der Arbeit kam es darauf an, zunächst geeignete Minerale und Mineralvorkommen für Altersbestimmungen zu finden.

Die K-Ar-Bestimmungen an den stabileren Kalifeldspatphasen, d. h. an stärker geordneten Phasen, die dem Mikroklin nahestehen, ergaben an zwei Vorkommen gleichen biostratigraphischen Alters 165 ± 13 Mill. a (Löbejün bei Halle, 13 Proben) und 189 ± 31 Mill. a (Ohravortalsperre, Thüringer Wald, 17 Proben).

Das heißt also, daß gegenüber dem biostratigraphischen Alter eine deutliche Verjüngung zu verzeichnen ist. Grob gesprochen, haben diese Gesteine ein saxonisches radiogeochronometrisches Alter. Für diese Erscheinung gibt es mehrere Deutungsmöglichkeiten.

Die K-Ar-Bestimmungen an den erwähnten Kaliflözen ergaben:

Sylvin (Sylvinit) 101 ± 35 Mill. a (10 Proben)
Carnallit (Carnallitit) 26 + 32, − 21 Mill. a (3 Proben)

Alle Altersangaben beruhen auf folgenden Konstanten:

$$\lambda_K = 0{,}584 \cdot 10^{-10}\, a^{-1}$$
$$\lambda\beta = 4{,}72 \cdot 10^{-10}\, a^{-1}$$
$$\lambda = 5{,}30 \cdot 10^{-10}\, a^{-1}$$

Als Ursache des stabilen Verhaltens des K-Ar-Verhältnisses in der instabilen, relativ stark ungeordneten Kalifeldspatphase ist anzusehen, daß einsinnige Platzwechselvorgänge auf den K-Gitterplätzen, auf denen auch die Ar-Atome[4]) sitzen, fehlen. Anzeichen hierfür ist das Fehlen der Na-Entmischung in dieser Feldspatphase. Hinzu kommt, daß die im Zusammenhang mit der Na-Entmischung, der diesbezüglichen Albitbildung im Gitter sowie mit dem Al-Si-Ordnungsvorgang auftretenden Gitterstörungen, die die Abwanderung des Ar erleichtern, fehlen.

Die Diffusionsmessungen zeigen folgendes Verhalten:

Sanidin: $D_{25\,°C} = 10^{-38}\ cm^2\, sec^{-1}$
Mikroklin: $D_{25\,°C} \sim 10^{-20}\ cm^2\, sec^{-1}$

Als Ursache des stabilen Verhaltens des K-Ar-Verhältnisses im Langbeinit gegenüber den anderen K-Salzphasen sind die geringe Volumendiffusion $D \sim 10^{-31}\ cm^2\, sec^{-1}$ und seine Resistenz gegenüber Lösungsvorgängen anzusehen.

Die Diffusionskonstanten zeigen, daß Langbeinitalter und Sanidinalter miteinander verglichen werden können. Die Tatsache, daß die hier untersuchten Kalifeldspate keine Sanidine im Sinne der Phasendefinition sind, bedeutet, daß eventuell die Altersangaben der Langbeinite zuverlässiger sind. Weitere Untersuchungen werden hier Klarheit bringen. Es kann demnach mit der Möglichkeit gerechnet werden, daß entweder die

[4]) Nach einer persönlichen Mitteilung von S. B. BRANDT, Irkutsk, verläßt Ar im Biotit die K-Position bei seiner Bildung aus K energetischer Gründe wegen.

Grenze Perm — Karbon tiefer liegt, als bisher angenommen wurde, oder daß das Kasan früher einsetzt. KLEROWSKI (1966) tritt für derartige Verschiebungen ein.

Zusammenfassung

Die Ergebnisse der Untersuchung können unter Beachtung regionaler Gesichtspunkte wie folgt zusammengefaßt werden:

1. Es gibt durch minerogenetisch-kristallographische Untersuchungen erfaßbare Rhyolith- und Salzgesteinsvorkommen, die als Eichpunkte für die geochronologische Skala im Perm in Frage kommen. Hierbei ist es ferner möglich, die geotektonisch bedeutsame Zeitmarke der Zechsteintransgression zeitlich durch eine vorläufige Differenz einzuengen (> 252 ± 19 Mill. a, < 263 ± 16 Mill. a). Die Differenz ist allerdings nicht signifikant (DOERFFEL 1962; KAEMMEL 1966), da die Unterschiede der einzelnen Proben der beiden Meßserien zu groß sind. Hier kommt es darauf an, die Proben zu erfassen, die, analytische Qualität vorausgesetzt, hinsichtlich ihres K-Ar-Haushalts repräsentativ sind.

2. Die angegebenen K-Ar-Alter für die geochronologische Skala des Perms stellen Mindestalter dar.

3. Innerhalb der K-Phasen der Vulkanite und Salzgesteine können durch Radiogeochronometrie verschiedene spätere Mineralbildungsvorgänge zeitlich besser getrennt werden.

Резюме

Результаты исследования могут быть составлены следующим образом с учетом региональных аспектов:

1. Имеются местонахождения риолита и соляных пород, определяемые минерогенетическими и кристаллографическими исследованиями и пригодные для получения эталонных точек для геохронологической шкалы перми. При этом получается возможность определения предварительного интервала в геотектоническом отношении важной марки времени трансгрессии цехштейна (> 252 ± 19 млн. лет, < 263 ± 16 млн. лет). Этой разнице, однако, не следует придавать большого значения (Дёрффель 1962, Кэммель 1966), поскольку разницы между данными отдельных образцов двух серий измерений слишком большие. Необходимо получить образцы, которые по содержанию K/Ar являются репрезентативными, при условии, что они отличаются аналитическим качеством.

2. Указанные для геохронологической шкалы перми возрастные данные по K/Ar соответствуют минимальному возрасту.

3. Внутри K-фаз вулканитов и соляных пород с помощью радиогеохронометрии лучше различима возрастная последовательность различных более поздних процессов минералообразования.

Summary

With regard to regional aspects results obtained by the investigation can be summarized as follows:

1. Occurrences of rhyolite and salt rocks to be considered as calibration points for the geochronological scale in the Permian can be determined by minerogenetic-crystallographic investigations. They also make it possible to confine chronologically the geotectonically important time mark of the Zechstein (Upper Permian) transgression by the preliminary difference (> 252 ± 19 mill. a, < 263 ± 16 mill. a). However, the difference is not significant (DOERFFEL 1962, KAEMMEL 1966) because the differences of the individual test specimens of the two series of measurements are too great. Here it all depends on determining those test specimens which are representative as far as their K/Ar content is concerned, provided their analytical quality is secured.

2. The K/Ar ages given for the geochronological scale of the Permian are minimum ages.

3. Within the K phases of volcanites and salt rocks various later processes of mineralization can better be separated by radiogeochronometry from a chronological point of view.

Literatur

AFANASJEW, G. D.: Geochronological time-scale in terms of absolute dating. — Meshdun. geol. Kongr. XXIII sessijo, doklady sow. geol. probl. 13a, 61—69 (1968).

AFANASJEW, G. D., u. a.: Die geochronologische Skala in absoluter Zeitrechnung nach Daten der Laboratorien der UdSSR (April 1964) unter Berücksichtigung ausländischer Daten — Meshdun. geol. Kongr. XXII sessija, doklady sow. geol., probl. 3, 287—324 (1964).

AFANASJEW, G. D., & S. I. SYKOW: Ergebnisse des Vergleichs der Standardprobe 1/65 aus den geochronologischen Laboratorien der UdSSR — Iswest. Akad. Nauk SSSR, ser. geol., 119, 149—150 (1968).

ANONYM: Projekt zur Überarbeitung der internationalen geochronologischen Skala — Iswest. Akad. Nauk SSSR, ser. geol., 9, 7—9 (1966).

— Vergleichende Tabelle der letzten veröffentlichten geochronologischen Zeitskalen der phanerozoischen Epochen. — Z. angew. Geol., 14, 440 bis 442, Berlin 1968.

BAARDSGAARD, H. S., J. LIPSON & R. E. FOLINSBEE: The leakage of radiogenic argon from sanidine. — Geochim. Cosmochim. Acta, 25, 147—157 (1961).

BAMBAUER, H. U.: Feldspatfamilie. In TRÖGER. — Optische Bestimmung der gesteinsbildenden Minerale, Teil 2, 645—762 (1967).

BRAITSCH, O.: Entstehung und Stoffbestand der Salzlagerstätten. — Mineralogie und Petrographie in Einzeldarstellungen, 3. Bd., Springer-Verlag Berlin—Göttingen—Heidelberg 1962.

DOERFFEL, K.: Beurteilung von Analysenverfahren und -ergebnissen. — Fresenius Z. analyt. Chem., 185, 1—98 (1962).

DREYER, E.: Die Bryozoen des mitteldeutschen Zechsteins. — Freiberger Forsch.-H., C 111, 5—51, Berlin 1961.

FECHTIG, H., & S. KALBITZER: The diffusion of argon in potassium bearing solids. In SCHAEFFER, A. D., & J. ZÄHRINGER. — Potassium argon dating, Berlin—Heidelberg—New York 1966.

FECHTIG, H., W. GENTHNER & Z. ZÄHRINGER: Argonbestimmungen an Kaliumminerealen. VII: Diffusionsverluste von Argon in Mineralen und ihre Auswirkung auf die Kalium-Argon-Altersbestimmung. — Geochim. Cosmochim. Acta, 9, 70—79 (1960).

FRECHEN, J., & H. J. LIPPOLD: Kalium-Argon-Daten zum Alter des Laacher Vulkanismus, der Rheinterrassen und der Eiszeiten. — Eiszeitalter Gegenwart, 16, 5 (1965).

GENTHNER, W., R. PRÄG & F. SMITH: Argonbestimmungen an Kaliummineralen. II: Das Alter eines Kalilagers im unteren Oligozän. — Geochim. Cosmochim. Acta, 4, S. 11 (1953).

HAMILTON, E. J., & R. M. FARQUHAR: Radiometric dating for geologists. — London — New York — Sydney 1968.

HOLMES-Festschrift: The Phanerozoic time-scale, a symposium. — Quart. j. Geol. Soc. London, London 1964.

JUNG, W.: Zechstein. — Grundriß Geologie DDR, Bd. 1, 219—237, Berlin 1968.

KAEMMEL, T.: Das Äquivalent der Biozone in der Radiogeochronologie — der Vertrauensbereich. — Geologie, 15, 989—992, Berlin 1966.

— Kristallographisch-mineralogische Eignungsprüfung von Kalifeldspatphasen von Rhyolithen für die Radiogeochronometrie. — In Vorb. 1970.

KAMPE, A., & W. REMY: Mitteilungen zur Stratigraphie im Raum des Petersberges bei Halle. — Mber. dt. Akad. Wiss. Berlin, 2, 364—374, Berlin 1960.

KATZUNG, G.: Perm. — Grundriß Geologie DDR, Bd. 1, 199—200, Berlin 1968.

KLEROWSKIJ, W. M.: Das Alter der Grenzen des Perms nach der Bestimmung des absoluten Alters von Effusivgesteinen Süddshungariens. — Geologija i geofosika, No. 6, 143—144 (1966).

KOCH, R. A.: Die Eruptionsfolgen und die Ausbruchstellen der Halleschen Vulkanite. — Wiss. Z. Hochsch. Bauwesen Leipzig, Jg. 1966, 197—206, Leipzig 1966.

KORN, H.: Die cryptostomen Bryozoen des deutschen Perms. — Nova Acta Leopoldina, 6, 342—377, Leipzig 1930.

KULP, I. L.: Potassium-Argon dating of volcanic rocks. — Bull. volcanologique, 26, 247—258 (1963).

LICHAREW, B. K., & A. D. MIKLUCHO-MAKLEY: Die Stratigraphie des Perm-Systems. In: Sammelwerk: Stratigraphie des Jungpaläozoikums und Mesozoikums in den südlichen biogeographischen Provinzen. — 12—24, Moskau 1964.

LIPPOLD, H. J., & W. GENTHNER: Altersbestimmungen nach der Kalium-Argon-Methode an tertiären Eruptivgesteinen Südwestdeutschlands. — Jb. geol. Landesanst. Baden-Württemberg, 6, 507—538 (1963).

LJUTKEWITSCH, J. M.: Über eine eventuelle Korrelation mariner, kontinentaler und kohlenführender Perm-Sedimente Eurasiens. In: Sammelwerk Gondwana, 129—139, Moskau 1964.

MALZAHN, E.: Die deutschen Zechsteinbrachiopoden. — Abh. preuß. geol. Landesanst., N. F., 185, 7—77, Berlin 1937.

PAALZOW, R.: Die Foraminiferen im Zechstein des östlichen Thüringens. — Jb. preuß. geol. Landesanst., 56, 26—45, Berlin 1935.

PILOT, J., & H. J. RÖSLER: Altersbestimmungen von Kalisalzmineralien. — Naturwissenschaften, 54, 490 (1967).

PLUMHOFF, F.: Marines Ober-Rotliegendes (Perm) im Zentrum des nordwestdeutschen Rotliegend-Beckens. — Erdöl Kohle, 19, 713—720, Hamburg 1966.

REMY, W.: Zur Untergliederung des Stéphanien und Autunien. — Comptes rendus, V. Congr. Int. de Stratigr. et de Géol. du Carbonifère, I, 177 bis 187, Paris 1964.

REMY, W., & V. HAVLENA: Prinzipien der stratigraphischen Gliederung im terrestrisch-limnisch entwickelten Raum des euramerischen Florenbereiches im Jungpaläozoikum Europas. – Mber. dt. Akad. Wiss. Berlin, 2, 230–236, Berlin 1960.

REMY, W., & V. HAVLENA: Zur floristischen Abgrenzung von Devon, Karbon und Perm im terrestrisch entwickelten Raum des euramerischen Florenbereiches in Europa. – Fortschr. Geol. Rheinland Westfalen, 3, 2, 735–751, Krefeld 1962.

REMY, W., & A. KAMPE: Ausbildung und Abgrenzung des Autunien in der Halleschen Mulde. – Mber. dt. Akad. Wiss. Berlin, 3, 394–408, Berlin 1961.

RENTZSCH, J., u. a.: Die feinstratigraphisch-lithologische Flözlagenparallelisierung im Kupferschiefer am Südrand des norddeutschen Zechsteinbeckens. – Z. angew. Geol., 11, 11–14, Berlin 1965.

RICHTER, A. H. K., & K. E. ZIEMEN: Messungen der Argon-Diffusion in KCl und KBr. – Z. Naturforsch., 20a, 666–672 (1965).

RUSHENZEW, W. J., T. G. SARYTSCHEWA & A. A. SCHEWYREW: Das Perm-System – Biostratigraphie. – Trudy pal. inst. Akad. Nauk SSSR, 108, 93–116, Moskau 1965.

SCHINDEWOLF, O. H.: Über die Faunenwende vom Paläozoikum zum Mesozoikum. – Z. dt. geol. Ges., 105, 153–182, Hannover 1955.

SCHULZ, E.: Erläuterungen zur Tabelle der stratigraphischen Verbreitung der Sporen und Pollen vom Oberen Perm bis untersten Lias. – Abh. zentr. geol. Inst. Berlin, 8, 3–20, Berlin 1966.

SCHWAB, M.: Die Beziehungen der subsequenten Vulkanite des Permosiles zum varistischen Orogen, dargestellt unter besonderer Berücksichtigung des Halleschen Vulkanitkomplexes. – Geologie, 19, Berlin 1970 (im Druck).

SCHWEITZER, H. J.: Die Makroflora des niederrheinischen Zechsteins. – Fortschr. Geol. Rheinland Westfalen, 6, 331–376, Krefeld 1962.

SEYDEWITZ, H. J.: Über einige Magmatite im engeren Raum der Halleschen Mulde. – Mber. dt. Akad. Wiss. Berlin, 3, 503–523, Berlin 1961.

SMITH, D. B.: The permian period. – HOLMES-Festschrift, 211–220 (1964).

ULRICH, H.: Zur Stratigraphie und Paläontologie der marin beeinflußten Randfazies des Zechsteinbeckens in Ostthüringen und Sachsen. – Freiberger Forsch.-H., C 119, 163 S., Leipzig 1964.

WEIGELT, J.: Die Pflanzenreste des mitteldeutschen Kupferschiefers und ihre Einschaltung ins Sediment. – Fortschr. Geol. Pal., VI, 19, 395 bis 586, Berlin 1928.

ZEMANN, A., & J. ZEMANN: Die Kristallstruktur von Langbeinit. – Acta cryst., 10, 409–413 (1957).

Einige Aspekte zur Berechnung der Ausgangsparameter bei Anwendung der Volumenformel zur Berechnung von Erdöl- und Erdgasvorräten

M. A. SHDANOW & I. S. GUTMAN, UdSSR

Ungeachtet dessen, daß für die Anwendung der Volumenmethode zur Berechnung von Erdölvorräten mehr als 60jährige Erfahrungen vorliegen, kann man nur wenige Vorratsberechnungen aufzählen, die bei der GKS (entspricht der ZVK in der DDR, d. Übers.) eingereicht wurden und zu denen keine erheblichen Beanstandungen erfolgten. So wurden z. B. von 314 Vorratsberechnungen, die der GKS im Zeitraum von 1961 bis zum November 1967 zur Bestätigung vorgelegt wurden, 57 (17%) nicht bestätigt. In der Regel erfahren im Prozeß der Überprüfung der Berichte nur zwei Parameter größere Veränderungen: das Volumen der erdöl- und erdgasführenden Gesteine und die offene Porosität. Bedeutend weniger Beanstandungen werden zum Koeffizienten der Erdölsättigung und fast keine zu den übrigen Parametern gemacht. Deshalb werden in der vorliegenden Arbeit, die unter Berücksichtigung der Praxis der GKS geschrieben wurde, nur die Hauptaspekte der Berechnung der erdöl-erdgas-gesättigten Volumina und der offenen Porosität behandelt.

Berechnung der Volumina erdöl-erdgas-führender Gesteine

Jeder Strukturdarstellung, gleich welches Ziel sie verfolgt, muß eine sorgfältige Korrelation des Profils der Sedimente, besonders innerhalb der produktiven Schichten, vorausgehen. Für eine genauere Ausgliederung der produktiven Schichten bei der Berechnung der Speichervolumina ist die Korrelation nach stratigraphischen und nicht nach lithologischen Korrelationsmarken durchzuführen. Hierbei sind die Korrelationsmarken im Dach und in der Sohle des produktiven Horizonts (oder der Schicht) und, wo dies möglich ist, innerhalb der Schicht besonders sorgfältig zu verfolgen. Die Praxis zeigt, daß sich die Geologen nicht selten zu sehr dazu verleiten lassen, die lithologischen Grenzen zwischen den produktiven Schichten innerhalb der Horizonte und zwischen den produktiven Lagen innerhalb der Schichten zu verfolgen, und dabei die Existenz fazieller Übergänge innerhalb der produktiven Horizonte und Schichten ignorieren. Das kann zu einer künstlichen Verbindung von Lagen führen, die tatsächlich innerhalb der produktiven Horizonte oder Schichten eine unterschiedliche stratigraphische Stellung einnehmen. In diesem Falle sind alle angefertigten (Struktur-, Isopachen- u. a.) Karten fehlerhaft und die berechneten Volumina der Schicht sowie die Vorräte falsch.

Stimmen stratigraphische und lithologische Grenzen der produktiven Schicht nicht überein, so ist es notwendig, Karten der Oberfläche ihrer durchlässigen Teile anzufertigen und bei ihrer Berücksichtigung die Grenzen der inneren und äußeren Kontur der Erdöl-Erdgas-Führung zu ziehen. Wird die Tatsache, daß stratigraphische und lithologische Grenzen der durchlässigen Gesteine der Schicht nicht übereinstimmen, ignoriert, so erweisen sich die äußeren Konturen der Erdölführung, die auf der Basis von Strukturkarten gezogen wurden, erheblich weiter als die Konturen, die unter Berücksichtigung der durchlässigen Lagen im Profil hergestellt wurden. Im Endergebnis führt dies zu wesentlich überhöhten Volumina.

Zur Klärung der Frage, ob die Berechnung der Volumina produktiver Speicher summarisch für den Horizont (die Schicht) oder einzeln für die ihn aufbauenden Schichten (Lagen) zu erfolgen hat, ist der Aufbau dieser Horizonte (Schichten) sorgfältig zu untersuchen.

Bei einer Aufgliederung des Horizonts in Schichten oder der Schicht in Lagen ist die Berechnung der Speichervolumina nach der Isopachenkarte der summaren Mächtigkeit der ihn aufbauenden durchlässigen Schichten oder Lagen vorzunehmen, wenn:

a) diese Schichten (Lagen) einheitliche Speichereigenschaften aufweisen;

b) keine dieser Schichten (Lagen) über die gesamte Mächtigkeit durch undurchlässige Gesteine faziell verdrängt wird und diese über die gesamte Fläche des Lagers ausgebildet sind;

Aus: „Geologija nefti i gasa", H. 1 (1969), S. 29–32.
Übers.: W. TOBIAS, Berlin.

c) die Schichten (Lagen) ein einheitliches Lager mit gemeinsamem Wasser-Öl-Kontakt enthalten.

Wird auch nur eine der obenangeführten Bedingungen nicht erfüllt, muß die Berechnung der Volumina für jede Schicht (Lage) getrennt durchgeführt werden.

Bei getrennter Berechnung der Speichervolumina von Schichten (Lagen), die einen Horizont (eine Schicht) bilden, muß besonders sorgfältig an die Planung der Testarbeiten mit dem Ziel herangegangen werden, die Erdöl-Erdgas-Führung der Schichten, die Produktivität der Bohrungen, die Feststellung der Lage des Wasser-Öl- und des Gas-Öl-Kontakts zu ermitteln. Hierbei sind die Testarbeiten in der Zone des Wasser-Öl-Kontaktes am sorgfältigsten zu planen, um seine Höhenlage in verschiedenen Gebieten der Lagerstätte zu ermitteln.

Die Verbreitungsgrenzen der Vorratsklassen sind für alle Schichten oder Lagen einheitlich festzulegen.

Interpolation der Mächtigkeiten bei der Berechnung erdöl-erdgas-gesättigter Volumina

Bei der Berechnung der erdöl-erdgas-gesättigten Volumina hat die richtige Interpolation der entsprechenden Mächtigkeiten nach Bohrangaben große Bedeutung. Folgende Verfahren der Interpolation sind bekannt:

1. lineare Interpolation bis zur Nullmächtigkeit der Schicht (bis Null);

2. nichtlineare Interpolation bis zur Mitte des Abstands zwischen den Bohrungen (bis zur Mitte) mit verschiedenen Varianten;

3. Interpolation unter Berücksichtigung der gesetzmäßigen Veränderung der Schichtmächtigkeit, wenn eine solche Gesetzmäßigkeit festgestellt wurde.[1]

Am richtigsten ist das letzte Verfahren, d. h. die Interpolation unter Berücksichtigung der gesetzmäßigen Mächtigkeitsveränderungen, weil in diesem Fall die Grenze der Nullmächtigkeit am genauesten ermittelt wird. Leider ist es nicht immer möglich, eine eindeutige Gesetzmäßigkeit in den Mächtigkeitsveränderungen festzustellen. In einem solchen Fall taucht die Frage auf, ob die lineare oder nichtlineare Interpolation angewendet werden muß. Einige Geologen behaupten, daß stets linear zu interpolieren sei, andere bestehen auf der nichtlinearen Interpolation in der Mitte.

Bei der Lösung dieser Frage ist zu berücksichtigen, in welchem Erkundungsstadium sich die untersuchten erdölführenden Schichten befinden. Befinden sie sich im Stadium der Erkundung, so ist bei der Vorratsberechnung in solchen Lagern die nichtlineare Interpolation bis zur Mitte oder die Interpolation unter Berücksichtigung der gesetzmäßigen Mächtigkeitsveränderungen anzuwenden, wenn es gelungen ist, diese aufzudecken.

Im Stadium des Produktionsbohrens ist die Interpolation unter Berücksichtigung der Veränderungen der Speichereigenschaften der Schicht über die Fläche vorzunehmen, wobei die Speichergesteine gemäß den Vorschlägen der Geologen Tatariens (W. A. BADJANOWA, W. I. ASAMATOWA u. a.) nach Typen zu untergliedern sind. Von ihnen wurde vorgeschlagen, in den großen Erdöllagerstätten Tatariens folgende Gesteinstypen zu unterscheiden:

1. stark poröse, gut durchlässige Speicher (gewöhnlich Sandstein genannt), zu denen die eigentlichen Sandsteine und gut sortierte grobkörnige sandige Aleurolithe gehören, die sich praktisch von den Sandsteinen nicht unterscheiden. Diese Sandsteine sind durch hohe Porosität, Durchlässigkeit und gewöhnlich durch hohe Förderdebits gekennzeichnet;

2. schwach poröse Speicher, in der Hauptsache tonige Aleurolithe, die durch verringerte Durchlässigkeit, niedrige Abgabe und geringe Debits der Bohrungen (einige Tonnen pro Tag) charakterisiert werden;

3. unproduktive, praktisch undurchlässige Gesteinsarten, gewöhnlich tonige und verdichtete Gesteine, die keine industrielle Bedeutung haben.

Daraus ergibt sich die Notwendigkeit, die Volumina von Speichern des ersten und zweiten Typs getrennt zu ermitteln, d. h., die Volumina von Sandsteinen und Aleurolithen mit Hilfe speziell angefertigter lithologischer Karten getrennt zu bestimmen. Auf diesen Karten müssen vor allem die lithologischen Grenzen eingetragen sein, die die industriellproduktiven Speicher von den nichtproduktiven Gesteinsarten trennen, sowie die lithologischen Grenzen zwischen Sandsteinen und Aleurolithen.

Für die genannten Gesteinsarten müssen die Konditionslimits bekannt sein, die empirisch durch komplexe Untersuchung der geologisch-geophysikalischen, laborativen und industriellen Daten, darunter auch durch den Test der verschiedenen Profilintervalle, ermittelt werden.

Nach den Testergebnissen wird zunächst die Abhängigkeit zwischen Durchlässigkeit und Porosität untersucht. Nach diesen Angaben werden die untere Grenze der Produktivität für Aleurolithe, außerdem die Werte für die Speichereigenschaften der Sandsteine und Aleurolithe festgelegt.

In diesem Fall wird auf den obengenannten lithologischen Karten für die Ausgliederung der Verbreitungszonen der Gesteinstypen statt der Mächtigkeiten die Porosität interpoliert. Die Verbreitungsgrenzen hochproduktiver Sandsteine werden nach den Porositätswerten gezogen. Entsprechend werden auch die Verbreitungsgrenzen von Aleurolithen und Tonen (Argilliten) bestimmt. Zur Durchführung solcher Konstruktionen ist es notwendig, die Werte der Porosität auch in den Bohrungen zu bestimmen, die unproduktive Lagen aufgeschlossen haben. Bei der Konstruktion von Karten der effektiven Mächtigkeiten werden die Isopachen durch Interpolation bis Null zur Zone der Verbreitung nichtdurchlässiger Gesteine gezogen.

Solche Konstruktionen sind sehr bequem bei Bohrungen, in denen die Porositätswerte geophysikalisch bestimmt wurden (bei vorheriger Eichung mit Kernproben). Wenn innerhalb einer Schicht mehrere Lagen mit unterschiedlichen Speichereigenschaften vorhanden sind, so wird die mittlere Porosität der Bohrung als das über die Mächtigkeit der Lagen gewogene Mittel der Porosität bestimmt. Abhängig vom Wert der erhaltenen mittleren Porosität für die Bohrung wird auf der lithologischen Karte der Speichertyp ausgegliedert.

[1]) Diese und andere Methoden s. F. STAMMBERGER: Einführung in die Berechnung von Lagerstättenvorräten fester mineralischer Rohstoffe. – Berlin 1956.

Zur Bestimmung des Speichertyps ist es nützlich, eine gemeinsame Analyse der geophysikalischen und Kernangaben vorzunehmen. Ist die Zahl der Bohrungen in der Lagerstätte sehr groß, können die Konditionsgrenzen der Speichertypen formal gezogen werden, ohne zu komplizierter Interpolation zu greifen. Wenn von zwei benachbarten Bohrungen eine Ton erschlossen hat und die andere Aleurolith, wird die Grenze in der Mitte zwischen den Bohrungen gezogen. Bei benachbarten Bohrungen, von denen eine Ton und die andere Sandstein erbohrt hat, wird der Abstand zwischen diesen Bohrungen in drei gleiche Teile geteilt, von denen einer dem Ton, ein anderer dem Aleurolith und ein dritter dem Sandstein zugeordnet wird. In diesem Fall wird die Mächtigkeit bis Null interpoliert, d. h. fällt mit der Grenze der Tonverbreitung zusammen. Bei der Berechnung der Speichervolumina mit Hilfe lithologischer Karten ist es äußerst wichtig, die unterschiedlichen Erdölabgabekoeffizienten für Sandsteine und Aleurolithe zu berücksichtigen.

Für Gaslager, bei denen der Abstand zwischen den Produktionsbohrungen erheblich größer ist als in Erdöllagerstätten, ist in jedem Stadium der Erkundung und bei Produktionsbohrungen nur die Interpolation bis zur Mitte anzuwenden.

Bei der Abgrenzung der erdöl-erdgas-gesättigten effektiven Mächtigkeit sind die Bohrkernangaben und das geophysikalische Material zu verknüpfen. Eine solche Verbindung gestattet, die Werte der effektiven Mächtigkeit aus den Bohrungen durch Ausschluß toniger und undurchlässiger Lagen zu präzisieren.

Eine äußerst wichtige Frage bei der Ermittlung der Volumina ist die richtige Anwendung der Konditionswerte für die Porosität oder anderer Parameter (z. B. die relative Anomalie von SP [Eigenpotentialmessung]).

Die Bestimmung der Konditionswerte gestattet, Porositäts- und Durchlässigkeitswerte zu verwerfen, die den Speichergesteinen nicht entsprechen. Offensichtlich steigt bei Ausschluß von Porositätswerten, die unter den Konditionswerten liegen, der mittlere Wert der Porosität im untersuchten Objekt etwas an. Gleichzeitig verringert sich jedoch die Mächtigkeit infolge des Ausschlusses entsprechender Intervalle mit einer den Konditionsforderungen nicht entsprechenden Porosität.

Bestimmung der mittleren Porositätswerte für das Lager

Zur Berechnung der mittleren Porositätswerte für das Lager existieren einige Varianten: 1. Bestimmung der Mittelwerte aus allen Proben; 2. Bestimmung der mittleren Porositätswerte durch Mittelung der Angaben aus den einzelnen Bohrungen; 3. Bestimmung des Berechungswertes der Porosität für das Lager durch Wägung der Porosität über die Fläche.

Die Auswahl der einen oder anderen Variante hängt von der Dynamik der Porositätsveränderung über die Fläche und im Profil, von der Anzahl und Lage der Bohrungen und von der Anzahl der Bestimmungen in jeder Bohrung ab.

Ist die Schicht aushaltend, kann die Anzahl der Proben, besonders bei Übereinstimmung der Laborbestimmungen und der betriebsgeophysikalischen Bestimmungen, stark verringert werden. Halten die Speichereigenschaften der Schicht in der Fläche und im Profil nicht aus, so ist es wünschenswert, pro Meter effektive Mächtigkeit nicht weniger als drei Porositätsbestimmungen zu erhalten.

Es muß bemerkt werden, daß die erste der aufgeführten Varianten meistens nur bei völliger Gleichförmigkeit der Schicht über die Fläche und im Profil und bei einer sehr geringen Anzahl von Angaben über die Porosität in neuentdeckten Lagern verwendet wird.

Die Bestimmung des Rechenwertes der Porosität für einzelne Bohrungen erfolgt, wenn die produktive Schicht lithologisch gleichförmig ist, durch Division der Summe der Porositätswerte aller Proben mit ihrer Anzahl. Für den Fall, daß die produktive Schicht lithologisch ungleichmäßig ist und aus mehreren Lagen besteht, wird der Rechenwert der Porosität mit der Mächtigkeit als gewogenes Mittel der Porosität aus jeder Bohrung bestimmt. Nicht selten tritt der Fall auf, daß im Profil des produktiven Horizontes einige produktive Lagen unterschiedlicher Mächtigkeit ausgehalten werden. In diesem Fall ist den Lagen mit geringer Mächtigkeit, bei denen die Bestimmung der Porosität nicht möglich ist, ein Wert zuzuordnen, der dem arithmetischen Mittel aus den Werten der offenen Porosität für Lagen analoger Mächtigkeit (von 1 bis 2 m) entspricht, bei denen es gelungen ist, diese Werte zu bestimmen.

Die Bestimmung des Berechnungswertes der Porosität des Lagers durch Bildung des arithmetischen Mittelwertes der einzelnen Bohrungen erfolgt dann, wenn die Porositätswerte innerhalb enger Grenzen variieren. In diesem Fall werden alle Mittelwerte oder gewogene Mittelwerte der einzelnen Bohrungen, die im Lager abgeteuft wurden, addiert und die Summe durch die Anzahl der Bohrungen dividiert. Trotzdem darf diese Berechnung nicht mechanisch vorgenommen werden, sondern muß durch eine Analyse über die mehr oder weniger gleichmäßige Verteilung der Zonen mit höheren und niedrigeren Porositätswerten begründet sein.

Im allgemeinen ist der Berechungswert als arithmetischer Mittelwert der Porosität für das Lager um so genauer, je mehr Porositätsbestimmungen vorhanden sind, je geringer die Schwankungen der Porositätswerte sind, je gleichmäßiger das Netz der abgeteuften Bohrungen ist und je ähnlicher die Zahl niedriger und hoher Porositätswerte in einzelnen Bohrungen ist.

Die Bestimmung des Berechungswertes der Porosität für das Lager als gewogener Mittelwert über die Fläche wird dann angewendet, wenn die gemittelten oder mit der Mächtigkeit gewogenen Mittelwerte der Porosität in den Bohrungen als Ganzes in der Schicht erheblich variieren. Dazu wird eine Karte der Porosität für die betreffende produktive Fläche konstruiert, der mittlere Porositätswert für jedes Feld gesondert bestimmt und gewogen für die gesamte Fläche.

In letzter Zeit wurde immer häufiger der untere Wert der Porosität nach der korrelativen Abhängigkeit zwischen der Porosität und der Durchlässigkeit bestimmt. Dabei wird als untere Grenze der Durchlässigkeit ein Wert von 1 md (für granulare Speicher) angenommen. Diese Methode der Bestimmung der unteren Grenzen der Porosität ist sehr formal. Ihre Anwendung basiert auf der Verwendung einer abstrakten statistischen Abhängigkeit ohne Berücksichtigung der Besonderheiten in bezug auf die Speichereigenschaften der Gesteinskomplexe und ihrer Produktivität. Diese Methode führt nicht selten zu erheblichen Fehlern, weil der Wert 1 md für gewisse Speicher geeignet sein kann und für andere nicht.

Der untere Grenzwert der Durchlässigkeit industriell produktiver Speicher muß in jedem konkreten Fall empirisch auf der Grundlage von Testangaben für bestimmte Profilbereiche der Bohrungen vorgenommen werden, für die Angaben über die Porosität und die Durchlässigkeit vorhanden sind. Dann wird die Abhängigkeit zwischen Durchlässigkeit und Produktivität der Bohrungen untersucht und danach der Konditionswert der Porosität in Abhängigkeit von der Durchlässigkeit bestimmt.

Abschließend weisen wir darauf hin, daß die obendargelegten methodischen Überlegungen auf eine exaktere Bestimmung der Ausgangsdaten gerichtet sind, damit die von den Betrieben der GKS vorgelegten Vorräte genauer ermittelt werden.

Über den Erkundungsgrad von Erzlagerstätten, die für die industrielle Nutzung vorbereitet werden

L. A. BOLOTOW, UdSSR

Eine Analyse des Erkundungsgrads von 750 Eisen-, Kupfer-, Molybdän- und Golderzlagerstätten sowie von 50 Projekten für die Errichtung von Gewinnungsbetrieben auf diese mineralischen Rohstoffe läßt eine Reihe von Schlußfolgerungen hinsichtlich des notwendigen Grads der Detailliertheit der Lagerstättenerkundung zu.

Es ist bekannt, daß die Versorgung mit einer ausreichenden Menge erkundeter Vorräte eine notwendige Bedingung zur Begründung von Projekten des Lagerstättenabbaus, für den Aufschluß und die Vorrichtung der Vorräte für die Gewinnung sowie die Garantie für den Rückfluß der Investitionen darstellt. Trotzdem ist es, wie die langjährige Praxis gezeigt hat, offensichtlich nicht immer zweckmäßig, die gesamte Lagerstätte, besonders sehr große, bis zur Übergabe für die industrielle Nutzung detailliert zu erkunden. Wichtig ist es, daß bis zum Beginn der Projektierung des Bergwerks eine solche Vorratsmenge erkundet ist, die seine Arbeit für den Berechnungszeitraum sichert, der in erster Annäherung durch den technisch-ökonomischen Bericht bei Abschluß der Vorerkundung bestimmt wird. Folglich ist der Erkundungsgrad festzulegen, indem man in erster Linie von der Größenordnung und der Kompliziertheit der Lagerstätte, der Kapazität und der Lebensdauer des vorgesehenen Grubenbetriebs sowie vom vorgeschlagenen Abbausystem der Lagerstätte ausgeht.

Diese wichtigen Faktoren werden jedoch bei der Erkundung von Lagerstätten keineswegs immer berücksichtigt. Bei der gültigen Ordnung zur Bestimmung des Grads der Vorbereitung von Lagerstätten zur industriellen Nutzung ist das prozentuale Verhältnis der Vorräte in den Kategorien A, B und C_1 die Hauptkennziffer.

Gemäß der im Jahre 1960 bestätigten Vorratsklassifikation erfolgen die Ausarbeitung von Projekten und die Bereitstellung von Investmitteln für den Bau neuer und die Rekonstruktion bestehender Bergbaubetriebe dann, wenn:

a) bei Lagerstätten, die zur Gruppe 1 gehören, nicht weniger als 30% der Vorräte in den Kategorien A und B erkundet sind, davon nicht weniger als 10% in der Kategorie A;

b) bei Lagerstätten, die zur Gruppe 2 gehören, nicht weniger als 20% der Vorräte in der Kategorie B erkundet sind.

Für Lagerstätten der Gruppe 3 sind die Projektierung von Gewinnungsbetrieben und die Bereitstellung von Investmitteln für den Bau neuer und die Rekonstruktion bestehender Bergbaubetriebe auf der Basis von Vorräten der Kategorie C_1 zulässig.

Das Vorratsverhältnis der verschiedenen Vorratskategorien wird bei in Abbau stehenden Lagerstätten durch die Betriebe festgelegt, die die Lagerstätten abbauen.

Die Vorratsklassifikation des Jahres 1960 spielte eine große Rolle bei der vollständigeren Nutzung von Vorräten der Kategorie C_1 für die Projektierung, bei der Steigerung der Effektivität und der Senkung der Kosten für die geologischen Erkundungsarbeiten. Die bestehende Ordnung zur Bestimmung des Grads der Vorbereitung und das festgelegte Vorratsverhältnis in den verschiedenen Vorratskategorien entsprechen jedoch nicht den heutigen Anforderungen. Sie spiegeln nicht die optimalen Bedingungen für die Schaffung einer mineralischen Rohstoffbasis wider, weil:

1. die ökonomischen Faktoren, die auf den Erkundungsgrad einwirken, nicht ausreichend berücksichtigt werden;

2. die Verfahren und die Größenordnung der Gewinnung und folglich die Menge und die räumliche Lage der Vorräte in den verschiedenen Kategorien hinsichtlich der Ausrichtungsverfahren sowie der Reihenfolge ihrer Nutzung nicht genügend berücksichtigt werden;

3. die obere Grenze der Vorräte der Kategorien A und B für Lagerstätten, die zu den Gruppen 1 und 2 gehören, offenbleibt (es wird nur gesagt „nicht weniger als");

4. die Vorratsmenge in Kategorie C_1 auf komplizierten Lagerstätten, die zur Gruppe 3 gehören, nicht

Aus: „Sowjetskaja geologija", Nr. 3 (1969), S. 122–128, etwas gekürzt.
Übers.: WOLFGANG TOBIAS, Berlin.

festgelegt wird und der Erkundungsgrad von in Abbau befindlichen Lagerstätten offenbleibt;

5. kein Unterschied im Erkundungsgrad gemacht wird zwischen Lagerstätten, die für die Neuerrichtung von Betrieben und solchen, die für die Rekonstruktion bestehender Betriebe vorbereitet werden, sowie zwischen Lagerstätten, die für Tiefbau und solchen, die für den Tagebau vorgesehen sind.

Für die Projektierung und den Bau eines Gewinnungsbetriebs wird es gewöhnlich für ausreichend erachtet, wenn die in den Kategorien A und B erkundeten Vorräte bei zu den Gruppen 1 und 2 gehörenden Lagerstätten, auf die etwa 90 bis 99% der Vorräte und 90 bis 96% der Förderung entfallen, die Förderung für ein Fünftel bis ein Drittel der Lebensdauer des Betriebs sichern („Vorratsklassifikation für Lagerstätten fester mineralischer Rohstoffe" 1960; MATWEJEW & NIKIFOROW 1960; BOLDYREW 1962). Nach der sich herausgebildeten Praxis macht das für Eisenerzlagerstätten etwa 8 bis 15 Jahre und für Kupferlagerstätten 5 bis 10 Jahre aus. Faktisch übertreffen die Gesamtvorräte in den Kategorien A und B der Eisen- und Kupfererze bei in Abbau stehenden Lagerstätten diesen Zeitraum um das 2- bis 5fache.

Die Frage des Grads der Detailliertheit bei der Erkundung neuentdeckter Lagerstätten, die Reihenfolge der Durchführung der Arbeiten, die zweckmäßigen Fristen für die detaillierte Erkundung von Revieren und Horizonten in Lagerstätten, die in Abbau stehen, erfordern eine eingehende ökonomische Begründung und besonders die Berücksichtigung der Tendenzen und des technischen Fortschritts in der Entwicklung der bergbautreibenden Industrie.

In den letzten Jahrzehnten gewinnt in Verbindung mit dem großen Bedarf an mineralischen Rohstoffen und in einer Reihe von Fällen mit der Einbeziehung großer Lagerstätten mit armen Erzen in die industrielle Nutzung der Tagebau immer größere Bedeutung. So stieg von 1940 bis 1965 die Gewinnung von Eisenerzen im Tagebau um das 16fache (71% der Gesamtgewinnung 1965), im Tiefbau lediglich um das 3,7fache (29%). Das Akademiemitglied N. W. MELNIKOW bemerkte (1964), daß im Jahre 1980 die Gewinnung aus Tagebauen drei Viertel der gesamten Bergbauproduktion betragen wird.

Bei der Bestimmung des Erkundungsgrads von Lagerstätten müssen in erster Linie die Forderungen der Projektanten über die Verteilung der Vorräte nach Kategorien in Abhängigkeit von den Gewinnungsverfahren sowie besonders die Ermittlung der räumlichen Lage der allgemeinen Erzlagerkonturen und insbesondere der äußeren Konturen berücksichtigt werden. Es muß unbedingt beachtet werden, daß bei Abbau im Tagebau eine ernstliche Korrektur der Tagebaugrenzen äußerst unerwünscht ist; deshalb muß die Erkundung der Lagerstätte (des Tagebaufelds), wenigstens für die erste Stufe, bis zum Beginn der Exploitation abgeschlossen sein.

Die Konzentration der Produktion, die in den letzten 20 Jahren erfolgte, führte dazu, daß zum gegenwärtigen Zeitpunkt 80—90% der Schwarz- und Buntmetallerze aus Gruben mit einer Jahresproduktion von über einer Million Tonnen gefördert werden. Die Vergrößerung der zu erkundenden Vorratsmenge und die Detailliertheit der Untersuchung der bergtechnischen Lagerstättenverhältnisse sind notwendige Voraussetzungen zur Erhöhung der Produktivität der Betriebe.

Die Erfahrung beim Abbau von Lagerstätten im Ural, in Kasachstan und in der Ukraine, wo die Produktionskapazität der Gruben Dutzende Millionen Tonnen Erz pro Jahr erreicht, beweist die Zweckmäßigkeit und Wirtschaftlichkeit des Aufbaus von Betrieben in Etappen (nacheinander). Beim Abbau einer großen Lagerstätte im Tagebau in Etappen verringern sich z. B. die Gesamtausgaben für ihren Abbau um 20—30% (CHOCHRJAKOW 1966). Der Abbau von Lagerstätten in Etappen schafft Bedingungen für die rationellste Erkundung der Lagerstätten. Insbesondere empfiehlt sich, Vorräte in hohen Kategorien nur für die erste Etappe des Gewinnungsbetriebes zu erkunden. In Verbindung mit dem hohen Tempo des Lagerstättenabbaus, den bedeutenden Teufen von untertägigen Arbeiten, der Einführung der neuen Technik und der umfassenden Automatisierung arbeitsintensiver Prozesse entstanden in letzter Zeit neue Tendenzen hinsichtlich des Lagerstättenaufschlusses (Gruppenaufschluß oder Aufschluß bei Anwendung von Konzentrationssohlen, Aufschluß unter Anwendung einstufiger Förderung, Vergrößerung der ersten Stufe des Schachtes, Aufschluß mittels flachfallender Grubenbaue und Förderung des Erzes nach über Tage mittels Förderband oder Kraftfahrzeugen). Wie M. I. AGOSCHKOW u. a. (1962) zeigten, wird es zum gegenwärtigen Zeitpunkt für normal gehalten, den Schacht bis zu einer Teufe niederzubringen, bei der die Arbeit der Grube orientierungsmäßig im Verlauf von 10—15 Jahren ohne weiteres Verteufen der Schächte gesichert ist. Schächte mit einer Teufe bis zu 400—500 m sollten, wenn sie in hinreichend standfesten Gesteinen stehen, zweckmäßigerweise bis zur Endteufe niedergebracht werden. In diesem Fall verringern sich die Kosten des Abteufens um 30—40%. Die Praxis von Kriwoi Rog zeigt, daß sich beim Aufschluß mit gekoppelten Sohlen im Vergleich zu Einzelsohlen der Umfang der Ausrichtungsbaue um 20—30% reduziert, deren Kosten und die Kosten der Ausrüstung um 25—35% und der Zeitraum für die Vorrichtung einer Sohle sich um 30—40% verringert, während die erforderliche normative Vorratsmenge der Kategorie *B* auf die Hälfte zurückgeht (SELEKTOR 1960).

Berücksichtigt man die prinzipiellen Unterschiede in den Verfahren des Lagerstättenaufschlusses, in der Ökonomie und Technologie der Förderung sowie, daß in den Bergbauzweigen die Vorräte mineralischer Rohstoffe für Tage- und Tiefbau getrennt geführt werden, so ist es erforderlich, auch bei der Lagerstättenerkundung und auch bei der Bestimmung des Erkundungsgrads die Besonderheiten des Abbaus mittels Schächten und Tagebau zu berücksichtigen (die Vorräte nach den Gewinnungsverfahren zu gliedern, die räumliche Lage der Vorräte der verschiedenen Kategorien in Verbindung mit den Aufschlußverfahren und den Ausrichtungsbauen zu sehen).

Die Erschließung der Lagerstätten beginnt mit der Unterteilung der Vorräte in Schacht-(Tagebau-)Felder. Die Vorräte, die innerhalb der projektierten Grenzen der Schacht-(Tagebau-)Felder liegen, unterscheiden sich fast immer von den für die Lagerstätte bewerteten.

Wie Untersuchungen zeigen, machen sie 20—90% von diesen aus. Sogar in dem intensiv ausgebeuteten Eisenerzbecken von Kriwoi Rog liegen etwa 12% der Reicheisenerze nicht in den Grenzen der Schachtfelder. In einer Reihe Lagerstätten genügte zwar die Gesamtmenge der erkundeten Vorräte als Summe der Kategorien A, B und C_1 und ihr Verhältnis den Forderungen der Klassifikation, die Projektierung des Abbaus mußte jedoch hinausgeschoben werden, weil in einem Teilgebiet alle Vorräte nur zu den Kategorien C_1 und C_2 gehörten und die Vorräte der Kategorien A und B in einem anderen Teilgebiet lagen. Deshalb erhebt sich die Frage, für welches Volumen das festgelegte Vorratsverhältnis der verschiedenen Vorratskategorien (das zur Sicherung der Projektierung und zur Bereitstellung der Investitionen für die Errichtung eines Betriebes notwendig ist) eingehalten werden muß. In der Vorratsklassifikation wird dieses Volumen mit „Lagerstätte (Revier)" oder Teil einer Lagerstätte bestimmt, auf deren Grundlage die Errichtung eines Grubenbetriebs vorgesehen ist. Richtiger wäre es, dieses Volumen auf ein Schacht-(Tagebau-)Feld zu beziehen.

Zu den Hauptkennziffern der geologisch-ökonomischen Bewertung von Lagerstätten gehören die Investitionen (insgesamt, spezifisch), die für den Bau neuer oder die Rekonstruktion bestehender Betriebe bereitzustellen sind, sowie Kennziffern ihrer Effektivität (Rentabilität und Rückfluß der Investitionen). Bis in die jüngste Zeit wurden jedoch Ausgaben für die geologischen Erkundungsarbeiten nicht in die Investitionen für den Bau des Betriebes einbezogen, obwohl sie letztere manchmal übersteigen. Dabei führt die Nichtberücksichtigung der Ausgaben für geologische Erkundungsarbeiten zu fehlerhaften Schlußfolgerungen beim Vergleich der ökonomischen Effektivität der Lagerstättenerkundung und -erschließung.

Die offiziell anerkannte und praktizierte Methode der Bestimmung des Erkundungsgrads von Lagerstätten durch Berücksichtigung der Erkundungskosten (ohne Nachfolgeinvestitionen für den Bau des Betriebes) sichert keineswegs die rationelle Nutzung der Mittel, die für die Durchführung von Erkundungsarbeiten bereitgestellt werden, und entspricht nicht den Forderungen der ökonomischen Reform. In der Praxis der geologischen Erkundung sind Fälle bekannt, bei denen billig erkundete Vorräte nicht genutzt wurden, weil die Aufwendungen für ihren Abbau erheblich jene übersteigen, die für die Nutzung anderer Lagerstätten des gleichen Rohstoffs erforderlich sind.

Beachtet man, daß erkundete Vorräte, in quantitativer und qualitativer Hinsicht, die Zweckmäßigkeit von Investitionen und die Errichtung von Betrieben garantieren müssen und daß die Ausgaben für die Lagerstättenerkundung (im allgemeinen Fall) einen gewissen Teil der Investitionen für die Errichtung des Betriebs ausmachen müssen (CHRUSTSCHOW 1964), so ist bei der Bestimmung des Vorbereitungsgrads der Lagerstätten für die industrielle Erschließung von folgendem auszugehen:

1. Die erforderliche Menge erkundeter Bilanzvorräte der Kategorien $A + B + C_1$ der Lagerstätte (des Schacht- oder Tagebaufeldes), die für die industrielle Nutzung vorbereitet wird, muß die Produktion des zukünftigen Betriebes während seiner Lebensdauer sichern, die im technisch-ökonomischen Bericht auf Grund der Vorerkundungsergebnisse erarbeitet wurde:

$$Q_{A+B+C_1} = \frac{A \cdot T}{K} \tag{1}$$

wobei

Q_{A+B+C_1} — die Menge der erkundeten Bilanzvorräte in den Kategorien $A + B + C_1$ in t;

A — die Jahresproduktion des Betriebes in t Erz;

T — die Lebensdauer des Betriebes in Jahren und

K — der bergmännische Ausbringungskoeffizient für das Erz aus der Lagerstätte in Bruchteilen von 1

darstellen.

2. Der Erkundungsgrad von Lagerstätten (räumliche Lage und das Verhältnis der Vorräte der verschiedenen Kategorien), die für Tage- und Tiefbau vorgesehen sind, muß in der Regel verschieden sein. Er muß den Gewinnungsverfahren und der Reihenfolge des Abbaus der Vorräte entsprechen und in Jahren die Sicherung des Betriebs mit Bilanzvorräten der verschiedenen Kategorien ausdrücken.

3. Die Grundeinheit, innerhalb deren das Verhältnis der verschiedenen Vorratskategorien einzuhalten ist, muß das Schacht- oder Tagebaufeld sein, das auch Objekt der eingehenden Erkundung ist. Auf Lagerstätten, wo sich industriell nutzbare Erze bis in große Teufe fortsetzen, ist das Vorratsverhältnis innerhalb der Grenzen für die erste Ausbaustufe des Tagebaus (Schachtes) einzuhalten.

4. Die in den Kategorien $A + B$ (oder der Kategorie C_1 mit dem Recht zur Projektierung) erkundeten Bilanzerzvorräte müssen auf typischen Lagerstätten nach ihrer Gewinnung und dem Verkauf des Produkts unbedingt den Rückfluß der Investitionen für die Nutzung der Lagerstätte sichern.

$$Q_{A+B} \frac{K_0}{(Z - S) \cdot K} \tag{2}$$

wobei

Q_{A+B} — die Menge erkundeter Bilanzerzvorräte der Kategorien $A + B$ (oder der Kategorie C_1 mit dem Recht der Projektierung), in t;

K_0 — die Investitionen für die Nutzung der Lagerstätte, in Rubel;

Z — der Großhandels-(Verrechnungs-)Preis pro Tonne Erz, in Rubel;

S — die Selbstkosten der Förderung einer Tonne Erz, in Rubel, und

K — ein Koeffizient für das Erzausbringen aus der Lagerstätte, als Teil von 1.

5. In die Investitionen für die Nutzung der Lagerstätte müssen die Aufwendungen für den Bau des Bergbaubetriebs und für die geologischen Erkundungsarbeiten (spezialisierte Sucharbeiten, Vor- und eingehende Erkundung) einbezogen werden.

6. Es empfiehlt sich, die eingehende Erkundung von Lagerstätten (Schacht- oder Tagebaufeldern) nach

einem Generalprojekt für die Erkundung und Vorbereitung der Lagerstätten für die industrielle Nutzung durchzuführen. Dabei sind der technische Fortschritt in der Bergbauindustrie, die Ermittlung der Vorräte, die tatsächlich für die Sicherung der Tätigkeit des Betriebs im berechneten Zeitraum erforderlich sind, die allgemeine Bewertung der Vorräte, die maximale Nutzung der aufgefahrenen Grubenbaue und errichteten Ausrüstungen nicht nur während der Erkundung, sondern auch während der Vorbereitung der Lagerstättenvorräte für die industrielle Nutzung zu berücksichtigen. Die Generalprojekte für Erkundung und Vorbereitung von Lagerstätten für die Erschließung müssen von den geologischen Organisationen ausgearbeitet und mit den Projektanten abgestimmt werden.

Nachfolgend sei ein Beispiel für die Berechnung der Vorratsmenge in den verschiedenen Kategorien angeführt, die auf einer Kupfererzlagerstätte zu erkunden sind.

Porphyrische Kupferlagerstätte A

Nach den Angaben der Vorerkundung werden die Bilanzerzvorräte mit Kupfergehalten von 1% und 0,02% Molybdän auf 300 Mill. t geschätzt (Kategorien $C_1 + C_2$). Auf der Lagerstätte ist ein Tagebau mit einer Leistung von $(A) = 6$ Mill. t Erz pro Jahr und einer Aufbereitungsanlage mit gleicher Leistung vorgesehen. Die Investitionen für den Bau werden auf 40 Mill. Rubel und die Ausgaben für die Erkundung (direkte und indirekte) auf 12 Mill. Rubel geschätzt. Die Selbstkosten für die Förderung und Aufbereitung von 1 t Erz (S) betragen 3 Rubel. Der Verrechnungspreis einer Tonne Erz (Z) beträgt 4 Rubel 60 Kopeken. Das bergmännische Ausbringen des Erzes auf der Lagerstätte (K) wird mit 0,9 angenommen. Die Lebensdauer des Tagebaus (T) wird mit 30 Jahren festgelegt.

1. Die erforderliche Menge der Bilanzerzvorräte in den Kategorien $A + B + C_1$ wird nach der Formel (1) berechnet

$$Q_{A+B+C_1} = \frac{A \cdot T}{K} = \frac{6 \cdot 30}{0{,}9} = 200 \text{ Mill. t}$$

2. Die Erzvorratsmenge in den Kategorien $A + B$, die zu erkunden ist, wird nach der Formel (2) bestimmt.

$$Q_{A+B} = \frac{K_0}{(Z - S) \cdot K} = \frac{40\,000\,000 + 12\,000\,000}{(4{,}6 - 3{,}0) \cdot 0{,}9} = \frac{52\,000\,000}{1{,}44} = 36\,000\,000 \text{ t}$$

Folglich sind in der Lagerstätte, die für die industrielle Nutzung vorbereitet wird, 36—40 Mill. t Erz in den Kategorien $A + B$; 164—160 Mill. t in der Kategorie C_1 und 100 Mill. t Erz in der Kategorie C_2 zu erkunden.

Das Problem des Verhältnisses der Vorräte verschiedener Kategorien auf in der eingehenden Erkundung und im Abbau befindlichen Lagerstätten erschöpft den betrachteten Fragenkomplex bei weitem nicht. Von uns wurde einer von möglichen Lösungswegen vorgeschlagen. Weitere Untersuchungen sollten auf die Verbesserung der Lagerstättengruppierung orientiert werden, auf den Einfluß der Größenordnung der Lagerstätte, eine umfassendere Berücksichtigung der Vorräte der Kategorien C_1 und C_2 für die Projektierung, auf Angaben über die Zuverlässigkeit dieser Vorräte und über das Risiko, wenn auf ihrer Basis ein Bergbaubetrieb errichtet wird.

Literatur

AGOSCHKOW, M. I., S. S. BORISOW & W. A. BOJARSKIJ: Abbau von Erzlagerstätten. — Gosgortechisdat (1962).

BOLDYREW, G. P.: Materialien zur Methodik der Erkundung mineralischer Rohstoffe. — Gosgeoltechisdat (1962).

CHOCHRJAKOW, W. S.: Untersuchung der Entwicklungsetappen und der Wirtschaftlichkeit des Tagebaus aus Tieftagebauen. — Autorref. Diss. (1966).

CHRUSTSCHOW, N. A.: Hauptwege zur Steigerung der wirtschaftlichen Effektivität und der Zuverlässigkeit geologischer Erkundungsarbeiten. — Raswedka i ochrana nedr, Nr. 7 (1964).

MATWEJEW, P. S., & A. W. NIKIFOROW: Über den Grad der Detailliertheit bei der Erkundung von Lagerstätten, die zur industriellen Erschließung übergeben werden. — Sowetskaja geologija, Nr. 3 (1960).

MELNIKOW, N. W.: Bergbauwissenschaft. — Nedra (1964).

SELEKTOR, S. M.: Über die Zuverlässigkeit erkundeter Vorräte der Lagerstätten des Saksagan-Gürtels. — Raswedka i ochrana nedr, Nr. 8 (1960).

Vorratsklassifikation für die Lagerstätten fester mineralischer Rohstoffe. — Gosgeoltechisdat (1960).

Neuere Erkenntnisse über die Grundwasserneubildung durch Infiltration in Abhängigkeit von geologischen und anderen Faktoren[1)]

RÜDIGER SPENGLER, Halle

Rund vier Zehntel des nach dem derzeitigen Stand der Wasserversorgungstechnik nutzbaren Grundwasserdargebots der DDR werden bereits genutzt. Der vorrangig aus dem Grundwasser zu deckende Trinkwasserbedarf wächst mit den verbesserten Lebensbedingungen und dem zunehmenden Wohnkomfort — insbesondere durch die allmähliche Aufhebung des Unterschiedes zwischen Stadt und Land — immer noch stark an.

Für eine optimale Grundwasserbewirtschaftung sind neben der Erfassung der statischen Speicherkennwerte der genutzten Grundwasserleiter Kenntnisse über die Dynamik des Grundwasserdargebots, insbesondere dessen Neubildung, unerläßlich. Anstelle der Negierung der vielen Einzelmethoden, die zur Ermittlung des Grundwasserdargebots entwickelt worden sind und deren oft widersprüchliche Ergebnisse u. a. BOLSENKÖTTER (1963) zu bedenken gegeben hat, ist es zweck-

Eingang des Manuskripts in der Redaktion: 11. 9. 1969.

[1)] Auszug aus einem Vortrag aus der Wasserwirtschaftsdirektion Saale—Weiße Elster, gehalten anläßlich des Berg- und Hüttenmännischen Tages der Bergakademie Freiberg 1969.

mäßiger, sich die Rolle des Grundwassers in der Hydrosphäre zu vergegenwärtigen, um sich das Zustandekommen der einzelnen Ergebnisse zu verdeutlichen.

1. Die Stellung des Grundwassers im Wasserkreislauf

Das vorerst als Wasserdargebot zur Verfügung stehende Wasser des Festlandes ist mengenmäßig im wesentlichen vadoses Wasser.

Abb. 1 soll die Stellung des Grundwassers im kleinen, innerfestländischen Wasserkreislauf — ohne Anspruch auf Vollständigkeit — verdeutlichen und dabei die Aussagekraft der einzelnen Methoden darlegen.

1. Mit der konventionellen Methode werden rund 25% zu wenig Niederschlag gemessen; dieser Fehler entsteht durch

a) den Überwehungseffekt als f (Windstärke, Niederschlagsintensität), so daß am Erdboden im Mittel rund 10 bis 13% mehr Niederschlag gemessen werden (maximale Abweichung bei 4 bis 5 m/s);

b) Benetzungsverluste: im Auffanggefäß 0,15 mm und in der Sammelkanne 0,11 mm je Niederschlagsereignis;

c) Verdunstung aus der Sammelkanne: 3,3%.

Der Überwehungseffekt ist weitgehend von d), der Geräteexposition, und e), der Gerätekonstruktion, abhängig, so daß pauschale Korrekturen nicht angebracht sind. KARBAUM (1969) hat entsprechende Korrekturmethoden angegeben. Bei Lysimeterergebnissen werden im allgemeinen die in Erdbodenniveau gemessenen Niederschläge angegeben. Das ist bei der Übertragung zu berücksichtigen.

2. Die Interzeption wird nur an wenigen Stellen gemessen. Für mitteleuropäische Flach- und Hügellandgebiete gelten etwa folgende Werte: Buchenwälder 15%, Eichenwälder 20%, Kiefernwälder 27% und Fichtenwälder 40 bis 45%.

Diese Mittelwerte streuen stark je nach Bestandsalter und -dichte. Niedere Vegetationsdecken erreichen nicht ganz so hohe Werte, jedoch wurden bei einem Niederschlagsereignis an Kartoffelkraut ebenfalls bereits 3 mm beobachtet, an Gräsern mehr als 1 mm.

3. Für den direkten Abfluß sind erst neuerdings Meßanlagen eingerichtet worden. Er ist abhängig vom Geländegefälle bzw. vom Mikrorelief und dem Einsickerungsvermögen des Bodens, bestimmt durch Durchlässigkeit, Benetzbarkeit und Frost. Er beträgt, abgeleitet aus Abflußregistrierungen, außerhalb der Mittelgebirge rd. 10% des Gesamtabflusses. Alle Sickerwassermessungen werden jedoch auf ebenem Gelände durchgeführt.

4. Der landläufige Begriff „Versickerung" sollte nur dem physikalischen Vorgang der Wasserbewegung in engen Hohlräumen infolge der Gravitation vorbehalten bleiben. Die „Einsickerung" spielt z. B. für das Nichtentstehen von Hochwässern eine entscheidende Rolle; experimentelle Einsickerungsmessungen geben dafür nur relative Werte an. Maßgebend für den Grundwasserhaushalt ist jedoch die Wassermenge, die die verdunstungsbeeinflußte Bodenzone durchsickert und als „Grundwasserneubildung" die Grundwasseroberfläche tatsächlich erreicht.

5. Der hypodermische Abfluß auf geneigten relativen oder absoluten Stauern ist im Mittelgebirge auf verfestigten periglazialen Hangschuttdecken, z. B. an Wegeeinschnitten, oft zu sehen, wurde aber auch schon auf Tieflehmen des norddeutschen Pleistozäns beobachtet. Er läßt sich in kleinen Gebirgseinzugsgebieten aus der Abflußganglinie nach starken Nieder-

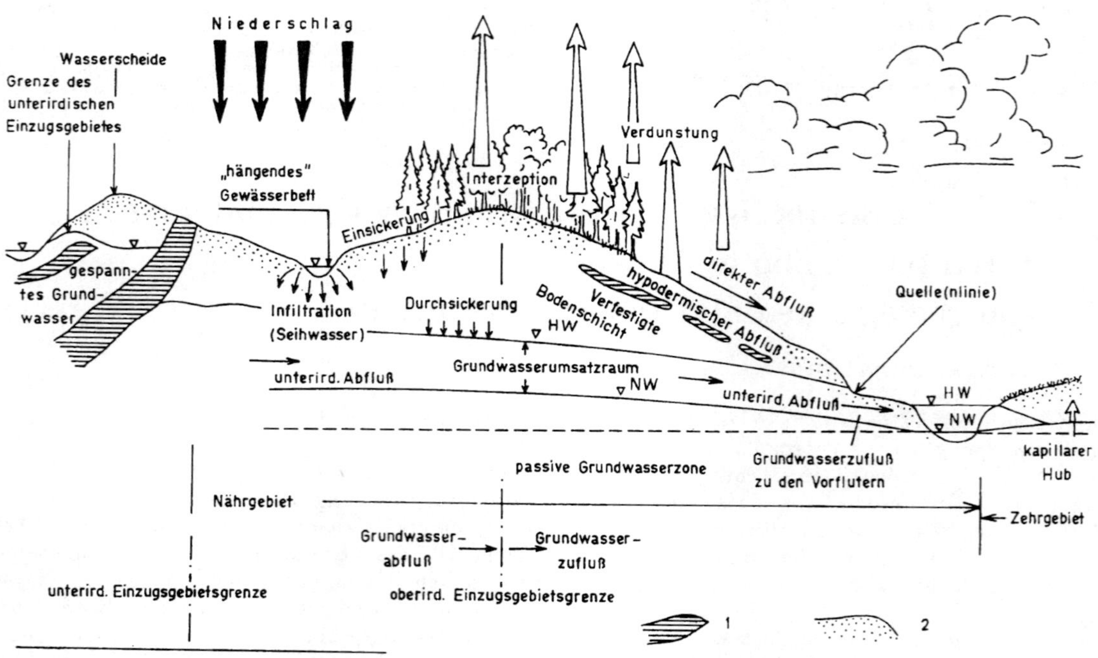

Abb. 1. Schema des „kleinen", innerfestländischen Wasserkreislaufes
1 — Wasserstauer, 2 — Verdunstungsbeeinflußter Bodenraum

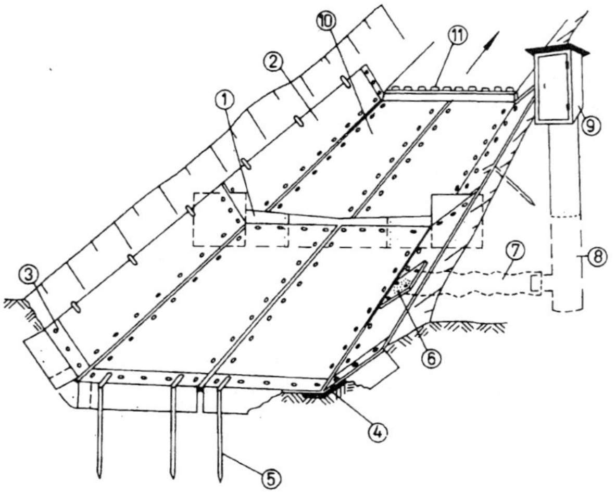

Abb. 2. Transportables Abflußmeßprofil mit Schreibpegel

schlägen als „Sickerwelle" (KIRWALD 1955) separieren, entzieht sich aber sonst weitgehend der Messung.

6. Die Berechnung des Grundwasserdurchflusses nach der DARCY-Formel zur Ermittlung von Grundwasserzu- und -abflüssen aus einem betrachteten Gebiet ist wegen des oft engräumigen Wechsels der Durchlässigkeitsbeiwerte k_f in horizontaler und vertikaler Richtung meist problematisch wie durch die Tatsache, daß von starkmächtigen Grundwasserleitern oft nur Teile durchströmt werden. Entsprechende Tracermessungen sind selten.

7. Die Ermittlung des Grundwasserumsatzes aus Grundwasserspiegelschwankungen setzt genaue Kenntnisse über die unterirdischen Zu- und Abflüsse und das nutzbare Porenvolumen voraus.

8. Zur Ermittlung des Grundwasseranteils am oberirdischen Abfluß muß dieser Basisabfluß aus genauen Abflußregistrierungen abgeleitet werden. Eine preiswerte umsetzbare Meßanlage, die in der Wasserwirtschaftsdirektion V entwickelt wurde und diesen Anforderungen genügt (DWP), zeigt Abb. 2. Die durch verschiedene Fließzustände in den einzelnen Wasserstandsbereichen hergestellte konstante Wasserstand: Abfluß-Beziehung kann durch wenige Eichmessungen ermittelt werden und bedarf keiner ständigen Nacheichungen.

Alle Methoden, die die etwas aufwendige Ermittlung des Basisabflusses umgehen wollen, müssen wegen zu großer Ungenauigkeit abgelehnt werden.

Das Grundwasserdargebot ist also praktisch ein Teil des Wasserkreislaufs. Das Wasser bewegt sich mit den unterschiedlichsten Geschwindigkeiten unter Einwirkung verschiedenartiger Kräfte in unterschiedlichen Richtungen. Die Variation der hydrologischen Erscheinungen — ihre periodischen und episodischen Schwankungen — beruht vor allem auf den großen Unterschieden in den Geschwindigkeiten, mit denen die verschiedenen hydrologischen Prozesse ablaufen.

Da die aufgeführten Methoden in verschiedenen Maßstäben des Raumes und der Zeit sowie mit verschiedenen Zählflächen arbeiten, sind ihre Ergebnisse nicht direkt miteinander vergleichbar. Nur unter Beachtung der Zwischenspeicherungen in der Schneedecke, im Boden, auf Schichtgrenzen, in „Sickerwellen" und im Grundwasser lassen sich diese mit Hilfe der erweiterten Wasserhaushaltsgleichung unter Beachtung der obenangedeuteten Toleranzen miteinander verknüpfen. Da alle Methoden ihre spezifischen Fehler haben, kann eine richtige Grundwasserdargebotsermittlung nur mittels einer Kombination der jeweils sinnvollen Methoden durchgeführt werden.

2. Der Infiltrationsvorgang

Zwischen dem kosmischen und dem Grundwasserhaushalt nehmen die Schichten über der Grundwasseroberfläche eine Zwischenstellung ein, deren Auswirkung stark von ihren petrographischen und bodengenetischen Eigenschaften abhängt, die ihren Ausdruck vor allem im Bodenwasserhaushalt finden. Diese Zwischenstellung des Bodens ist keine Pufferstellung, da im Gegensatz zu einem den Abfluß ausgleichenden Speicher die Extreme verschärft werden. Abgesehen von kurzzeitigem „innerem Oberflächenabfluß" und der Rinnenversickerung passiert ihn nur das die Wasserkapazität eines Bodens übersteigende Wasser, während das pflanzenverfügbare und der Evaporation zugängliche Wasser mehr oder minder schnell der Verdunstung anheimfällt.

Die Wasserbewegung im Boden wird durch verschiedene Kräfte bewirkt:

a) die Schwerkraft;

b) die Oberflächenspannungen;

c) die Hydratationsspannungen, die bei zu großer Austrocknung durch Benetzungswiderstände vorübergehend abgeschwächt werden können;

d) das Dampfdruckgefälle ohne oder mit Luftzirkulation;

e) die Osmose in organischen Gefäßzellen.

Die eigentliche Wasserbewegung folgt der Resultierenden aus diesen Kräften. Dabei ergeben sich folgende Bewegungsarten, deren gegenseitige Abgrenzung fließend ist:

a) Nur abwärts gerichtete Bewegungen:

2.1. Innerer Oberflächenabfluß (Olbertz 1957) und Kluftflächenabfluß an Lysimeterwandungen, in Tiergängen, Wurzelbahnen, auf Trockenrissen und in sonstigen Hohlräumen

Er tritt, außerhalb von Gesteinszersatzzonen, nur in bindigen Böden bei großer Intensität des unter die Erdoberfläche eindringenden Wassers auf. Die Spuren dieser Fließbewegung sind besonders auf den Kluftflächen der wechselfeuchten Staugleye zu erkennen, die durch Einschlämmung entstandene, u. a. durch verschiedene Färbung als ungleichaltrig ausgewiesene Tonhäutchen aufweisen. Für die Grundwasserneubildung sind diese Schwundrisse nur von bedingter Bedeutung, da sie nur bis rund 100—150 cm Tiefe reichen und sich bei Befeuchtung allmählich schließen.

2.2. Rinnen- oder zungenförmige Versickerung auf durch Primärbefeuchtung bevorzugten Sickerbahnen

Diese Sickerform ist an keinerlei Hohlgänge, Wurm- oder Wurzelkanäle gebunden und tritt vorwiegend bei (hydraulisch) gut durchlässigem Material — insbesondere bei Sanden — auf, wenn dieses vor der Befeuchtung ausgetrocknet war. Die Benetzungswiderstände führen zur Wasserkonzentration an einigen tiefer gelegenen oder grobporigen Stellen, wo ihre Schwerkraft die Infiltration erzwingt. Geringe Mengen von Feinmaterial, die dabei abgelagert werden, können durch Herabsetzung der Benetzungswiderstände diese Bevorzugung fixieren (KNETSCH 1966).

2.3. Flächenhafte Versickerung bei gleichzeitiger Sättigung des durchsickerten Bodenabschnitts

Sie beschränkt sich auf wenig ausgetrockneten feinkörnigen Boden und mäßige Befeuchtungsintensität.

b) In allen Richtungen mögliche Wasserbewegung:

2.4. Wassertransport auf Grund von Saugspannungsdifferenzen in Kapillaren und auf Wasserfilmen

Dieser Feuchtetransport wächst mit zunehmendem Feuchtegradient und Feuchtegehalt, steigender Hydratationsenergie der Komplex-Ionen sowie mit zunehmendem Feinerdegehalt, bis die damit verbundene Verringerung der Porenweiten eine Abnahme der Durchlässigkeit und damit der Feuchtebewegung bewirkt, so daß die größten derartigen Wasserumsätze im Grobschluff (0,02—0,06 mm) zu beobachten sind.

Neben der allgemein bekannten Kapillarität können auch Wasserfilme Saugspannungen übertragen.

Aus den Labormessungen der kapillaren Wasserleitfähigkeit von VETTERLEIN kann geschlossen werden, daß in einem Lößboden eine Wassermenge von 5 mm/d ca. 1,20 m über die Grundwasseroberfläche kapillar in den Wurzelraum gefördert werden kann, von 2 mm/d ca. 2,5 m hoch und von 1 mm/d sogar über 5 m hoch.

Mit zunehmender Korngröße nehmen diese Förderhöhen infolge der abnehmenden Kapillarität ebenfalls ab; in den feineren Fraktionen verhindert die geringe Durchlässigkeit den Durchsatz von wasserhaushaltsmäßig bedeutsamen Wassermengen.

2.5. Der Wasserdampftransport durch Diffusion und Luftzirkulation spielt im Unterboden keine wesentliche Rolle mehr

Charakteristisch ist das Zusammenwirken der verschiedenen Bewegungsarten, deren Anteil am gesamten Wassertransport je nach Bodenform sehr verschieden ist. Bei einem ausgetrockneten Boden z. B. werden sowohl der innere Oberflächenabfluß als auch das Sickerwasser rinnenförmiger Bahnen ständig zur Benetzung ihrer Bahn und zur Befeuchtung des umgebenden Bodens auf Grund der Saugspannungsdifferenzen vermindert. Dabei sind aber die unterschiedlichen Geschwindigkeiten zu beachten, wie Sickerbewegung in Rinnen — einige dm/h— und Sorptionsbewegung — einige mm/d.

Die in der Regel nicht mit der Wirklichkeit in Einklang zu bringenden Modellvorstellungen vom Bodenwasserhaushalt haben ihre Ursache darin, daß ein Bodenmonolith als Ansammlung homodisperser Bodenpartikel gleichen Materials mit gleichartigen Eigenschaften in gleichförmiger Lagerung angesehen wird. Selbst im tiefgründigen Löß von Bad Lauchstädt wurden jedoch engräumige horizontale Dichte- und Bodenfeuchteunterschiede festgestellt, die nicht auf unterschiedliche agrarische Nutzung zurückgeführt werden können. Die meisten Böden gleichen einem dichten, vermaschten Wasserleitungssystem mit größeren bis kleinsten, gut bis fast nicht durchlässigen Strängen und auch Blindsträngen, in denen alle Bewegungsarten, -geschwindigkeiten und teilweise auch -richtungen nebeneinander vorkommen können. Die weitverbreitete Mehrschichtigkeit der Böden führt bei größeren Texturunterschieden zur sprunghaften Veränderung der Porenweiten, die stets, direkt oder durch die Ausbildung hängender Menisken, Sickerwasserstau hervorruft.

Die zweite Art des Staus unterliegt der Selbstverstärkung durch an Aufschlüssen deutlich wahrnehmbare Tonanlagerungen in einem 1—5 cm breiten Band, z. B. an der Basis von Geschiebelehm über Schotter, und ist wie andere Stauzonen durch Staugleymerkmale der Hangendschicht charakterisiert. Das Stauwasser ist „freies Wasser", das sich in Hohlräumen, Schürfgruben u. dgl. sammelt oder durch Dränrohre abfließt. Es ist „schwebendes Grundwasser", das sich nur stellenweise gebildet hat und auch bei minimalem Gefälle seitlich abfließt. Besonders auf der Pflugsohle tritt solcher hypodermischer Abfluß zeitweise — oft nur wenige dm weit — auf.

3. Die Einflüsse geologischer und anderer Faktoren auf die Grundwasserneubildung

Anhand dieser beiden Modellkonzepte lassen sich die verschiedenen Einflüsse auf die Grundwasserneubildung besser diskutieren.

Den Wasserverbrauch agrarischer Kulturen hat u. a. LÜTZKE (1965) an den Eberswalder wägbaren Sandlysimetern ermittelt:

3.1. Die ET[2])-Summe von am gleichen Standort im selben Jahre aufwachsenden agrarischen Kulturen ist weitgehend von der Pflanzenart unabhängig. Die Hackfrüchte weisen lediglich eine spätere, exzessivere Bedarfsspitze auf als die Halmfrüchte.

3.2. Ihr Mehrverbrauch gegenüber der Brache (mit ca. 260 mm/a) ist vom Ertrag abhängig und beträgt ca. 90—150 mm/a. Auch auf den vergleichbaren Dahlemer Lysimetern mit lehmigem Sand ergeben sich ähnliche Werte:

Feldgras ungedüngt: 130 mm/a, gedüngt: 180 mm/a (Brache ca. 320 mm/a) (HUSEMANN & WESCHE 1964).

Dieser hohe Mehrverbrauch dürfte sich jedoch nur gegenüber brachliegendem Sandboden ergeben, dessen Oberfläche keinen kapillaren Wassernachschub erhält. Bei bindigen Böden erreicht die Evaporation der Brache wesentlich höhere Werte, so daß die Vegetation durch Beschattung und Ventilationsbeschränkung die Evaporation maßgebend verringert. Damit wird die Mehrverbrauchsrate wesentlich geringer.

3.3. Winterzwischenfruchtanbau erfordert eine Mehrverdunstung von ca. 50 mm/a.

Repräsentative Lysimeter mit Waldbestand sind nur in Sonderfällen möglich. In der DDR sind einige in Tharandt und in der Letzlinger Heide im Bau.

[2]) Evapo-Transpiration

Verschiedenartige Meßmethoden zeigen übereinstimmend einen Mehrverbrauch des Waldes von ca. 50 bis 100 mm/a gegenüber niedrigen natürlichen oder agrarischen Vegetationsformen am gleichen Standort. Dies ist bedingt durch größere Strahlungsausbeute, längere Vegetationsperiode und höchste Produktion an organischer Substanz sowie die größeren Wasserreserven im umfangreicheren und lockeren Wurzelraum. (Bei einer hydrologischen Bewertung des Waldes sind aber auch dessen für uns günstige Auswirkungen, insbesondere die weitgehende Unterbindung des direkten Abflusses, zu beachten.)

Die substratbedingten Unterschiede in der Grundwasserneubildung betragen unter Umständen zwischen extremen Standorten über 300 mm/a.

Abb. 3 zeigt einige Ergebnisse von Versickerungsmessungen im Parthegebiet. (Die Versuchsanordnung ist in PRETSCHOLD, SPENGLER & WIEDENROTH 1963 und THOMAS-LAUCKNER & SPENGLER 1968 beschrieben worden.) Die einzelnen Tages-, Monats- und sogar Jahressummen der Durchsickerung schwanken temporär viel stärker als die gleichzeitig an verschiedenen Standorten gemessenen.

Da jedoch die sie hervorrufenden Witterungseinflüsse alle Stationen gleichsinnig beeinflussen, bestimmen die Substratverhältnisse der sechs hier verglichenen Ackerstandorte den Sickerwasseranteil des Niederschlagsdargebots. Die reliefbedingten mikroklimatischen Unterschiede werden durch die Betrachtungsweise eliminiert.

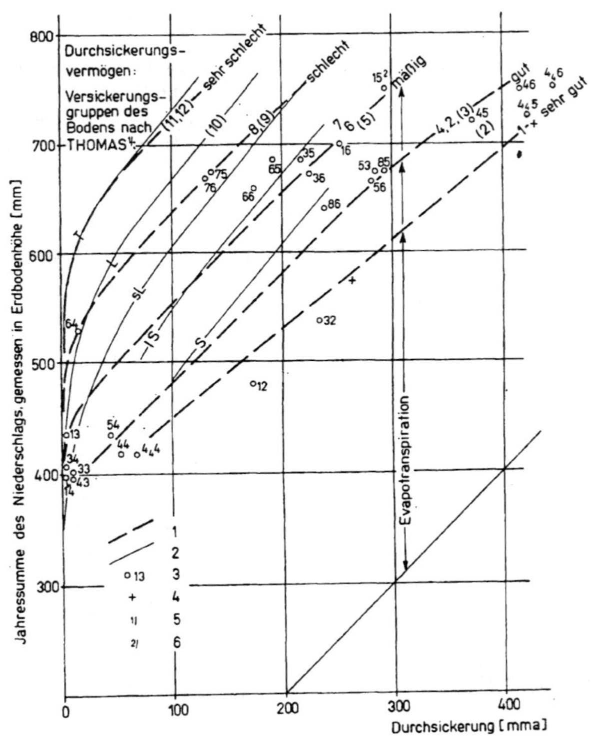

Abb. 3. Beziehung zwischen Grundwasserneubildung und Niederschlag (Jahressummen) in Abhängigkeit vom Durchsickerungsvermögen des Bodens

1 — Linie gleichen Durchsickerungsvermögens des Bodens; 2 — Linie gleicher Bodenbeschaffenheit bei $D = f$ (N, Bodenbeschaffenheit) nach AWV; 3 — Jahressumme der Station 5 (Zehner der Kennziffer) von 1964 (Einer der Kennziffer); 4 — Jahressumme der Station Weißwasser II (nach GOLF); 5 — Gruppen in Klammern: nicht durch Durchsickerungsmessungen belegt; Gruppen vor den Klammern: unsichere Einordnung; 6 — ohne A_4

Die Sickerwassermengen pro Abflußjahr wurden den jeweiligen Niederschlägen zugeordnet. Diese Jahreswerte lassen sich zwangslos durch Linien gleicher Bodenbeschaffenheit hinsichtlich der Grundwasserneubildung ausgleichen. Die Böden werden dabei in folgende Gruppen untergliedert (THOMAS-LAUCKNER & SPENGLER 1968):

1. sehr gute Perkolation in allen Horizonten, z. T. sehr schwach gehemmte Versickerung im Unterboden; Böden mit hohem Grundwasserstand;
2. sehr gute Durchlässigkeit bis ca. 40—60 cm Tiefe, schwacher Stau im Unterboden;
3. sehr gute Perkolation im Oberboden, schwach gehemmte Versickerung im Unterboden;
4. sehr gute Versickerung bis etwa 35—50 cm Tiefe, darunter schwach stauend bis stauend;
5. sehr gute Perkolation im Oberboden, schwacher Stau bis ca. 30—60 cm Tiefe, darunter gehemmte bis stark gehemmte Perkolation in geringmächtigem Horizont;
6. sehr gute Durchlässigkeit im Oberboden und sehr gute bis mäßige Perkolation im tieferen Unterboden, dazwischen geringmächtiger stauender Horizont;
7. sehr gute bis gute Versickerung bis etwa 35—60 cm Tiefe, darunter gehemmte bis stark gehemmte Perkolation;
8. sehr gute bis gute Durchlässigkeit im Oberboden, gehemmte Perkolation im Unterboden;
9. gute bis sehr gute Perkolation im Oberboden, im Unterboden bei zunehmender Verdichtung stauend bis stark stauend;
10. gute bis mäßige Versickerung im Oberboden, im Unterboden bei zunehmender Verdichtung stauend bis stark stauend;
11. gute Durchlässigkeit im Oberboden, stark gehemmte Perkolation im Unterboden;
12. gehemmte bis stark gehemmte Perkolation in allen Horizonten.

Die Bodentypen des Parthegebietes sind ihnen so zugeordnet:

Typ Braunerde: 1. bis 2. (3.);
Braunerde, im Unterboden schwach pseudovergleyt: 1. bis 2. (3.);
Braunerde, im Unterboden pseudovergleyt; 2. bis 4.;
Pseudogley-Braunerde: 2. bis 5.;
Braunerde-Pseudogley: 6. bis 9. (5.);
Pseudogley: 7. bis 11. (12.).

Die bewußt nur visuell ausgeglichenen funktionalen Beziehungen lassen sich bei einer genügenden Anzahl von Werten auch statistisch ableiten: für $N > 435$ mm/a weist die lineare Korrelation zwischen den Jahressummen von Niederschlag und Durchsickerung der einzelnen tiefen Monolithe der Station Naunhof/Acker einen Korrelationsbeiwert $k = 0{,}93$ und eine Streuung von rd. ± 15 mm/a auf, d. h., die bodenbedingten Unterschiede der Grundwasserneubildung können als statistisch gesichert gelten.

Die Unterschiede werden vor allem in Trockenperioden qualitativ sichtbar. Sonst bestehen nur Unterschiede in der Durchsickerungsintensität.

Bei den Böden des Parthegebietes spielen die obendiskutierten Struktureinflüsse eine wesentliche Rolle bei der Differenzierung der Grundwasserneubildung. Die infolge Verkittung und durch kurze, nichtaushaltende Bänder von Eisenausscheidung mit geringer sekundärer Tonanlagerung vorhandene Speicherfähigkeit von Mittel- und Grobsanden reicht aus, bei Sommer-

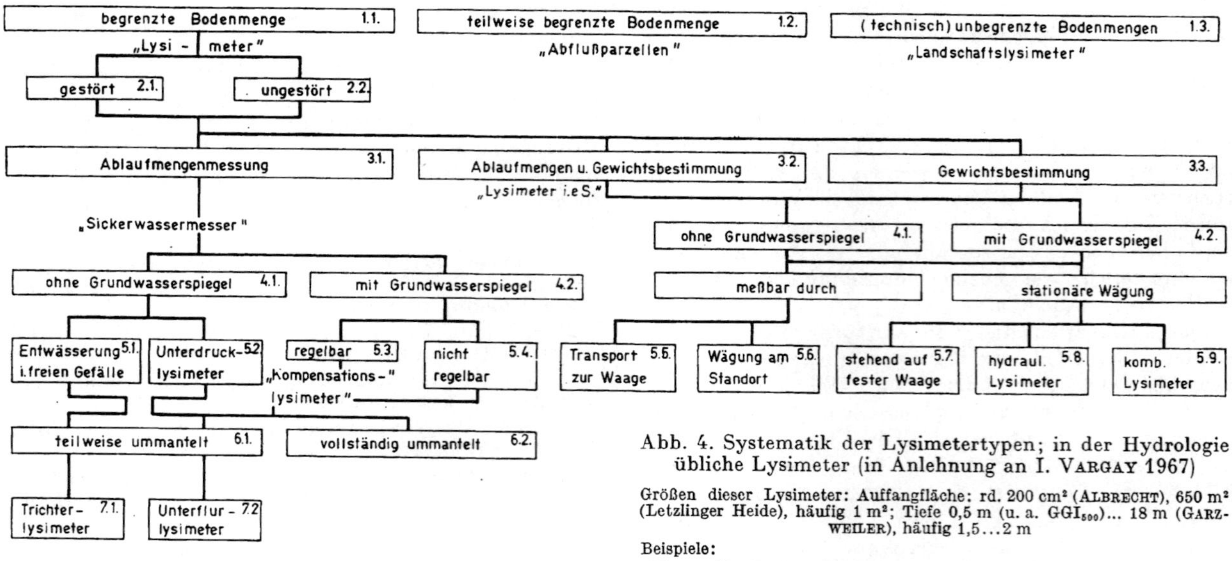

Abb. 4. Systematik der Lysimetertypen; in der Hydrologie übliche Lysimeter (in Anlehnung an I. VARGAY 1967)

Größen dieser Lysimeter: Auffangfläche: rd. 200 cm^2 (ALBRECHT), 650 m^2 (Letzlinger Heide), häufig 1 m^2; Tiefe 0,5 m (u. a. GGI_{500})... 18 m (GARZWEILER), häufig 1,5...2 m

Beispiele:

„Eberswalder Lysimeter" 2. 1/3. 2/4.1/5.7.
„GARZWEILER", „FRIEDRICH" 2.2/3.1/4.1/5.1/6.1/7.2.
„GGI_{500}" 2.2/3.1/4.1/5.1/6.2.
„ALBRECHT" 2.2/3.2/4.1/5.7.
„FALKENBERG" (KRAMER) 2.2/3.1/4.2/5.1/6.2.
„VETTERLEIN u. WEISE" 2.2/3.1/4.1/5.2/6.1/6.2.
„Letzlinger Heide" 2.1/3.1/4.1/5.1/6.2.
5.5. „Waldai", Tharandt, „Komlosi"
5.6. „Portalkranwaage"

Darüber hinaus sind weitere Kombinationen denkbar, z. B. 5.2/5.7.

niederschlägen geringer bis mittlerer Intensität im Sickerwassermesser einen vollkommenen Rückhalt zu erzielen.

Auch die Bodenbearbeitung wirkt sich aus. So hatten z. B. an der Station Pomßen mit „guter" Grundwasserneubildung Pflügen, Eggen und Einsaat von Gerste zur Folge, daß — im Gegensatz zu den anderen Stationen mit guter oder mäßiger Durchsickerung — starke Niederschläge (ca. 50 mm) keine nennenswerte Erhöhung der Durchsickerung brachten. Bodenfeuchtemessungen zeigten den Verbleib des Niederschlags im Bodenraum bis zu 1 m Tiefe, vorwiegend im Pflughorizont. Extreme Bodenverdichtung durch landwirtschaftliche Geräte kann — besonders auf den Vorgewenden — die Einsickerung stark hemmen. Die Evaporation von abgeernteten bindigen Böden mit kapillarem Wassernachschub kann durch Umbruch weitgehend verhindert werden. Land- und wasserwirtschaftliche Interessen stimmen hier überein.

Unterhalb der verdunstungsbeeinflußten Zone bestimmt die Durchlässigkeit des Grundwasserhangenden nur die zeitliche Verformung (Retention) der Sickerwellen. Bei lang anhaltendem Sickerwasserrückstau in die verdunstungsbeeinflußte Zone, deren Tiefe von der Durchwurzelung und der kapillaren Wasserleitfähigkeit des Anstehenden abhängt, bewirkt die geringe Durchlässigkeit jedoch auch eine Schmälerung der Grundwasserneubildung.

Die jährlichen Unterschiede im Wasserhaushalt sind, wie bereits gezeigt, durch den wechselhaften Witterungscharakter bedingt.

Die meteorologischen Bedingungen beeinflussen die Vegetationsentwicklung, ja sogar deren spezifischen Wasserverbrauch. Art und zeitliche Verteilung der Niederschläge entscheiden über deren Interzeptions- und Abflußanteil sowie über die Anteile der einzelnen Bewegungsarten des Bodenwassers. Da die den Verdunstungsanspruch hauptsächlich steuernde Globalstrahlung von Jahr zu Jahr nur geringen Schwankungen unterliegt, im Gegensatz zum Niederschlag, ist auf Böden mit guter Wasserspeicherkapazität (Löße vermögen über 300 mm/m pflanzenverfügbares Wasser zu speichern) die Verdunstung quasi konstant. Der vorherrschende Sommerregentyp des Niederschlags führt jedoch dazu, daß zu seinem Rückhalt auch die geringe Speicherfähigkeit ungegliederter Sande (ca. 70 mm/m pflanzenverfügbares Wasser) in der Regel ausreicht. Bei Böden mit gutem Speichervermögen tritt eine deutliche Verringerung der Grundwasserneubildung nach niederschlagsarmen Jahren auf. Infolge dieser Halbinvarianz der Verdunstung ist die Grundwasserneubildung eines bestimmten Bodens bei starken über- und innerjährlichen Schwankungen des Niederschlagsdargebots keinesfalls ein fixer Prozentsatz einer variablen Niederschlagshöhe, weder von langjährigen Mitteln noch von Jahreswerten. Diese Invarianz beschränkt sich jedoch nur auf die zeitlichen Schwankungen. Die aus der Lysimetertechnik bekannten Oaseneffekte treten bei engräumigem Wechsel von stark unterschiedlichen Hydrotopen, z. B. einer Geschiebesandhochfläche neben einer Niederung, ebenso auf.

Wenn die dargelegten Beziehungen auch nur stochastischer Natur sind und deshalb Streuungen aufweisen, so machen sie doch mit Hilfe der langjährigen Niederschlagsbeobachtungen eine Beurteilung der Sikkerleistung über längere Zeitreihen und damit auch speicherwirtschaftliche Betrachtungen für die Grundwasserleiter möglich.

Bei Jahresniederschlägen kleiner als 530 mm/a, die für die Station Naunhof immerhin eine Eintrittswahrscheinlichkeit von 0,2 haben, erbringt nur noch ein Teil des Parthegebiets eine wasserwirtschaftlich bedeutsame Grundwasserneubildung. Die großen Dauerentnahmen durch die Leipziger Wasserwerke in Naunhof sind nur infolge der Überjahresspeicherung im Untergrund möglich.

4. Lysimetertechnik

Da Lysimeter bzw. Versickerungsmesser mit in die hydrogeologische Erkundungsmethodik einbezogen werden, seien einige Folgerungen zur 170jährigen Lysimetertechnik angeschlossen. Abb. 4 zeigt eine schematische Übersicht der wesentlichsten Lysimetertypen. Aus dieser Zusammenstellung geht hervor, daß es keine universellen, sondern nur für den jeweiligen Zweck geeignete und unzweckmäßige Lysimeter gibt.

Für die Lösung vieler Fragen, wie hier die Ermittlung der Grundwasserneubildung längerer Zeitabschnitte, reichen Sickerwassermesser anstelle der weitaus kostspieligeren wägbaren Lysimeter aus.

Die Bodenstruktur entscheidet über die Wahl von Bodenmonolithen oder von Lysimetern mit eingefülltem Boden. Stahlzylinder von 1 m² Auffangfläche haben sich für die Monolithlysimeter bautechnologisch bewährt. Während aber auf Sandböden noch 500-cm²-Lysimeter Varianzen von nur rund 10% erbringen, liegen diese bei strukturierten Böden bei 1 m² Auffangfläche noch wesentlich höher. Wo sich im erreichbaren Untergrund eine geneigte wasserdichte Schicht findet, sind Abflußparzellen vorzuziehen.

Außerhalb von losen Sandböden muß auf die eine ungestörte agrarische Nutzung gestattenden Unterflurlysimeter verzichtet werden. Dabei sollte aber eine durchgehende Wärmeleitung des Zylindermantels bis in den Untergrund unterbunden werden, damit durch seine thermisch bedingte Ausdehnung und Kontraktion keine größeren Randfugen entstehen. Wegen der Zufälligkeiten der Rinnenversickerung sollte auch auf Sand mit geringem Kapillarstau auf Trichterlysimeter verzichtet werden.

Die Lysimetertiefe ist von der Kapillarität des zu untersuchenden Substrats abhängig: Der Stauhorizont über der Bodenplatte darf, auch bei zeitweisem Rückstau, keine kapillare Verbindung zur verdunstungsbeeinflußten, sogenannten wechselfeuchten Bodenzone haben, damit keine zusätzlichen Verdunstungsverluste auftreten. Ist dies bautechnisch nicht möglich, so sind Unterdrucklysimeter (Vorträge der Tagungen „Hydrometeorologie", 1968) vorzuziehen, die außerdem zur Beobachtung der Versickerungsdynamik besser geeignet sind, da sie keine Retentionserscheinungen über der Bodenplatte aufweisen. Ihr Nachteil ist der größere Aufwand und die größere Störanfälligkeit.

Zur Zeit bieten nur Lysimeter die Möglichkeit, die Dynamik der Grundwasserneubildung kleinster homogener Einheiten mit hinreichender Genauigkeit zu erfassen.

Zusammenfassung

Das Zusammenwirken des Grundwassers mit den anderen Teilgliedern des Wasserkreislaufes — speziell beim Infiltrationsvorgang — und die entsprechenden Meßmöglichkeiten werden diskutiert. Durchlässigkeit und Wasserspeichervermögen des Bodens sind die maßgebenden Parameter der substratbedingten Transformation des zeitlich und räumlich sehr varianten Niederschlagsdargebots in Abhängigkeit vom jeweiligen atmosphärischen Verdunstungsanspruch. Dieser wird von der vorwiegend durch agrarische Produktion bestimmten Vegetation übertragen. Den Abschluß bilden einige Bemerkungen zur Lysimetertechnik.

Резюме

Дискутируется взаимодействие грунтовых вод с другими составными компонентами круговорота воды, в частности, в процессе инфильтрации, и соответствующие возможности для измерения. Проницаемость и способность к аккумулированию воды почвой являются решающими параметрами обусловленной субстратом трансформации количества озадков, оченъ, изменчивого по времени и в пространстве, в зависимости от соответствующей испарительной способности атмосферы. Последняя завнисит от растительного покрова, который определяетсяи прежде всего, сельскохозяйственным производством. В заключение даются некоторые примечания о технике лизиметра.

Summary

The combined action of the ground water with other partial elements of the water cycle, in particular during the process of infiltration, is discussed together with suitable possibilities of measurement. Permeability and power of the soil to accumulate water are the decisive parameters for a transformation conditioned by the substratum of the very variant presentation of rainfall in time and space as dependent on the respective demand of atmospheric evaporation. This is mainly transferred by the vegetation determined by agricultural production. To conclude, some remarks are made on the lysimeter technique.

Literatur

Bolsenkötter, H.: Vergleichende Betrachtungen der Methoden zur Beurteilung der Grundwasserneubildungen. — Die Wasserwirtschaft, H. 3 (1963).

Dyck, S., & P. Chardabellas: Wege zur Ermittlung der nutzbaren Grundwasserreserven. — Ber. geol. Ges., 8, 3 (1963).

Golf, W.: Versickerungsmessungen in der Lausitz. — Wiss. Z. techn. Univ. Dresden, 15, 2 (1966).

Husemann, C., & J. Wesche: Der Wasserhaushalt und Wasserbilanz eines lehmigen Sandbodens nach Untersuchungen in wägbaren Lysimetergefäßen. Berlin-Dahlem 1960 bis 1963. — Z. Kulturtechn. Flurbereinigung, 5, 5/6 (1964).

Karbaum, H.: Der Niederschlag als Wasserhaushaltsgröße. — Abh. meteorolog. Dienst. DDR, 11, 86 (1969).

Kirwald, E.: Über Wald und Wasserhaushalt im Ruhrgebiet, Forschungsergebnisse. — Essen (Classen) 1955.

Knetsch, G.: Infiltrationsvorgang, Boden- und Grundwasser in der Wüste· — Nova Acta Leopoldina, N.F., 31, 176 (1966).

Lützke, R.: Vergleichsmessungen mit Groß- und Kleinlysimetern. — Bes. Mitt. gewässerkdl. Jb. DDR, H. 4 (1965).

— Die landeskulturelle Bedeutung der Wälder als Wasserverbraucher. — Arch. Naturschutz Landschaftsforsch., 8, 3 (1968).

Olbertz, M. H.: Über die am Standort des Kulturbodens erfaßbaren Größen des Wasserhaushaltes. — Wiss. Abh. dt. Akad. Landwirtsch.-Wiss., Nr. 23 (1957).

Pretschold, H. H., R. Spengler & E.-M. Wiedenroth: Untersuchungen zur Erfassung des Grundwasserhaushalts im Parthegebiet. — Z. angew. Geol., 9, 9, Berlin 1963.

Thomas-Lauckner, M., & R. Spengler: Der Einfluß der Böden auf die Grundwasserneubildung im Parthegebiet. — In: Neef-Festschrift. — Petermanns geogr. Mitt., Ergänzungsh. 271, Gotha 1968.

Vargay, I.: Kompensationslysimeter für die Bestimmung der Einsickerung und der Grundwasserverdunstung. — In: Tätigkeitsber. Forsch.-Anst. Wasserwirtsch. — (VITUKI) 1965, Budapest 1967.

Vetterlein, E.: Zu Fragen des Wasserhaushalts und der Wasserversickerung im Boden unter besonderer Berücksichtigung der Grundwasserneubildung. — Wasserwirtsch.—Wassertechn., 11, 8, Berlin 1961.

Vetterlein, E., & R. Koitzsch: Ergebnisse von Untersuchungen über die Wasserbewegung in ungesättigten Böden mittels Durchflußverfahren — Ber. VIII. Internat. Kongr. Bodenkde., Komm. I, Bukarest 1964, II.

Wiedenroth, E.-M.: Vegetationsuntersuchungen im Parthegebiet, ein. Beitrag zur Kenntnis des Landschaftshaushaltes NW-Sachsens. — Sonderh.: Vegetationskundliche Untersuchungen. Wiss. Z. Martin-Luther-Univ., Halle 1964.

Vorträge der Tagung „Hydrometeorologie" 25. bis 27. 9. 1968 in Tharandt, insbes. die Beiträge von Glugla, Karbaum, Simon, Vetterlein, Weise. Hrsg. meteorolog. Ges. DDR u. Kammer der Techn., Fachverb. Wasser.

Unveröffentlichte Forschungsarbeiten.

Zeitschrift für angewandte Geologie, Bd.16 (1970), Heft 2

Problematik der Berechnung nichtstationärer Grundwasserströmungen durch Vorgabe von Absenkungsstadien

Eine Erwiderung zum Beitrag von L. Luckner

LOTHAR RICHTER, Berlin

Im Rahmen dieses Beitrages soll nur zu den wesentlichsten Punkten der von LUCKNER (1969) geführten Diskussion über die Berechnung nichtstationärer Grundwasserströmungen durch Vorgabe von Absenkungsstadien Stellung genommen werden.

Die Ausführungen von LUCKNER über obengenannte unter praktischem Aspekt zu sehende Berechnungsmethode können als Beweis dafür gewertet werden, daß die von SIEMON (1958) bzw. RICHTER (1968, 1969a, b, c) angegebenen hydrogeologischen Beziehungen den stationären Strömungsvorgang charakterisieren. Diese nachmalige Beweisführung erübrigt sich, da diese Beziehungen für den stationären Zustand bereits ausführlich beschrieben und ihre Randbedingungen eingehend diskutiert wurden (SIEMON 1958, RICHTER 1968, 1969a, b, c). Damit ist auch der Anwendungsbereich dieser Gleichungen eindeutig abgegrenzt.

Aus der Literatur ist bekannt, daß in der Praxis häufig zur Berechnung von Grundwasserabsenkungen Berechnungsmethoden angewendet werden, die auf hydrogeologische Beziehungen des stationären Strömungszustandes zurückzuführen sind (siehe auch HENNIG & POMMERENKE 1965, RÜCKERT 1965, MARIUPOLSKIJ 1962 u. a.). Alle diese Verfahren können, da der nichtstationäre Strömungsvorgang durch den aufeinanderfolgenden Wechsel von stationären Zuständen nur grob nachgebildet werden kann, nur als Grobermittlungs- bzw. Näherungsverfahren angesehen werden. Die von RICHTER und SIEMON dargestellten Berechnungsmethoden, die auf den Grundwasserhaushaltsgleichungen, unter Einbeziehung des Vorratsanteils, basieren, sind unter gleichem Aspekt zu betrachten. Sie wurden auch klar als Näherungsverfahren und praktische Berechnungsmethoden gekennzeichnet.

Mit den auf den Grundwasserhaushaltsgleichungen basierenden Grundwasserabsenkungsberechnungsverfahren können jedoch bei sorgfältiger Auswahl der hydrogeologischen Parameter und ordnungsgemäßer Durchführung der Ermittlungen für die Praxis hinreichend genaue Berechnungsergebnisse erzielt werden. Überprüfungen mit Meßergebnissen aus der Praxis bestätigen das.

LUCKNER versucht nachzuweisen, daß mit diesen Berechnungsmethoden für stationäre Verhältnisse sehr ungenaue Berechnungsergebnisse erzielt werden. Diese Behauptung steht in völligem Widerspruch zu den mit diesen Berechnungsmethoden gewonnenen Erkenntnissen. Die von LUCKNER als Beweis für seine Behauptungen angeführten Rechenbeispiele können nicht gewertet werden, da er eigentlich mit diesen Berechnungen nur demonstriert, wie solche Ermittlungen nicht durchzuführen sind. Nachrechnungen des 1. Berechnungsbeispiels ergaben, daß ähnliche Ergebnisse erzielt werden, wie sie von LUCKNER für die „exakten" Lösungen angegeben werden (siehe LUCKNER 1969, Abb. 3). Auf das 2. Rechenbeispiel sei nicht näher eingegangen, da deutlich erkennbar ist, daß LUCKNER bei den Berechnungsgängen mit der Methode für stationäre Verhältnisse Berechnungsschritte für eine Parallelabsenkung des Wasserspiegels (II. Stadium) nahezu für den gesamten Absenkungsraum vorsieht. Von RICHTER wird das von SIEMON (1958) und HENNIG & POMMERENKE (1965) in der Montanhydrologie popularisierte Absenkungsschema, das bekanntlich drei Absenkungsstadien voraussetzt, lediglich erläutert (RICHTER 1968 1969a, b, c). Für die Nachbildung des Absenkungsvorgangs und die damit verbundene Anpassung an die tatsächlichen bzw. zu erwartenden Grundwasserströmungsbedingungen ist dieses Absenkungsschema unbrauchbar. Nur durch die Einbeziehung vieler Absenkungsschritte mit den entsprechenden Entnahmebedingungen für den Vorratsanteil (in Anlehnung an die alten Bezeichnungen als „Zwischenstadien" gekennzeichnet) ist es möglich, brauchbare Lösungen zu erzielen. Gerade diese Bedingung der Kontinuität steht im Mittelpunkt der bereits mehrfach zitierten Veröffentlichungen (RICHTER 1968, 1969a, b, c). Dagegen kann man sich leicht davon überzeugen, daß von LUCKNER Annahmen für einen diskontinuierlichen Absenkungsverlauf getroffen werden.

Ebensowenig wie die von LUCKNER angeführten Rechenbeispiele als Beweis für die Unbrauchbarkeit der diskutierten Berechnungsverfahren gewertet werden können, können auch nicht die von FUHRIG u. a. (siehe LUCKNER 1969, PEUKERT 1968, FUHRIG u. a. 1968) angeführten Vergleiche zwischen den Modellversuchsergebnissen und den auf der Grundlage der Methode für stationäre Verhältnisse ermittelten analytischen Werten herangezogen werden. Diese „analytischen" Werte sind auf sehr grobe Überschlagsberechnungen und Schätzwerte der Praxis bzw. auf längst überholte Berechnungsmethoden zurückzuführen. Eine nachträgliche Überrechnung des von FUHRIG u. a. (1968) angegebenen Beispiels für den Fallfilterbetrieb mit der Methode für stationäre Verhältnisse ergab Werte, die denen der Modelluntersuchungen entsprechen.

Erwähnenswert erscheint, daß bei den hydrogeologischen Untersuchungen am Beispiel des Tagebaus Reichwalde (siehe Literatur: Arbeitsunterlagen der Techni-

Eingang des Manuskripts in der Redaktion: 30. 10. 1969.

schen Universität Dresden) zur Simulierung der Grundwasserströmungsvorgänge vor allem das elektrische Analogon herangezogen wurde. Das heißt, nichtstationäre Strömungsprozesse wurden unter anderem mit einem stationären Modell erfaßt. Bei der Lösung von Strömungsaufgaben mittels der stetigen Analogmodelle (Papiermodelle) müssen ebenfalls vereinfachende Annahmen festgelegt werden (siehe Arbeitsunterlagen der Technischen Universität Dresden). Für die genannten Untersuchungen wurden folgende Annahmen getroffen:

1. Vorhandensein einer horizontalen Sohle,
2. Nichtberücksichtigung unterschiedlicher Grundwasserleitermächtigkeiten,
3. Nichtberücksichtigung besonderer Lagerungsverhältnisse (bindiger Einlagerungen usw.),
4. Berücksichtigung einheitlicher k_f-Werte,
5. willkürliche Festlegungen der fiktiven Reichweite u. a.

Einige für die Simulierung der Grundwasserströmungsvorgänge getroffenen Annahmen stehen z. T. in krassem Widerspruch zu den geologischen und hydrogeologischen Verhältnissen des Untersuchungsraums. Den Arbeitsunterlagen ist zu entnehmen, daß z. B. mehrere Reichweiten angenommen wurden, „um den Einfluß auf die Ergebnisse besser abschätzen zu können". Bei der Nachbildung des Absenkungsvorgangs wurden die verschiedenen Lagen der Grundwasseroberfläche in Abhängigkeit der Zeit „gesucht", um den nichtstationären Prozeß nachbilden zu können. Dabei wurden die mittleren Absenkungsgeschwindigkeiten in den betrachteten Lamellen „geschätzt", wobei die „Schätzwerte" mit den Meßwerten übereinstimmen müssen. Dem sei nur hinzugefügt: Ganz können diese Untersuchungen mit derartigen Einschränkungen sowie Vereinfachungen der geologischen Verhältnisse wohl auch nicht befriedigen!

Die Untersuchungsmethode mit dem Analogiegerät (Papiermodell) ist fürsprechend für eine größere Anzahl von Untersuchungen der hydraulischen Verhältnisse bei Tagebauentwässerungen, auf die nicht näher eingegangen werden soll.

Eine exakte Nachbildung des nichtstationären Entwässerungsvorgangs mittels Verfahren für stationäre Verhältnisse ist nicht möglich. Das gilt gleichfalls für die Modellierung mit dem „analog" (Papiermodell).

Für die Anwendung der Grundwasserhaushaltsgleichungen in Verbindung mit der Vorratsentnahme sprechen folgende Punkte:

1. Die geologischen Lagerungsverhältnisse können ohne größere Generalisierungen entsprechend den natürlichen Verhältnissen erfaßt werden.
2. Die Durchlässigkeitsbeiwerte und das Porenvolumen können weitestgehend entsprechend den natürlichen Verhältnissen berücksichtigt werden, ohne Mittelwertbildungen vornehmen zu müssen (vertikale Mittelwertbildung).
3. Die Erfassung nichthorizontal gelagerter Grundwasserleiter ist möglich.
4. Der Absenkungsvorgang kann für die nichtgesteuerte und die gesteuerte Absenkung berechnet werden.
5. Die Berechnungen können unter Berücksichtigung verschiedener Betriebsphasen für einen Mehrbrunnengalerienbetrieb (Vorfeldentwässerung eines Tagebaus) durchgeführt werden u. a.

Bei der Erfassung der natürlichen geologischen Lagerungsverhältnisse handelt es sich insbesondere darum, größere bindige Einlagerungen, die einen entscheidenden Einfluß auf den Absenkungsverlauf nehmen, im Grundwasserleiter auszuhalten.

Bei Ermittlungen von Grundwasserabsenkungen mittels Fall- und Steckfiltern (Entwässerungsstrecken) sowie Filterbrunnen ist eine Mittelbildung der Werte der Durchlässigkeiten und Porenvolumina unzulässig, wenn der Grundwasserleiter von mehreren Schichtenfolgen aufgebaut wird.

Für die unter Punkt 3 genannten Berechnungen sind die bisher bekannten hydrogeologischen Gleichungen für den stationären Strömungszustand nicht brauchbar. Derartige hydrogeologische Beziehungen lassen sich jedoch ohne Schwierigkeiten aufstellen.

Der Punkt 4 ist von überaus großer Wichtigkeit. Er wird aber heute noch von vielen Hydrogeologen unterschätzt. Die Bemerkungen von LUCKNER hierzu lassen den Schluß zu, daß er die damit verbundene Problematik falsch deutet.

Der Punkt 5 ist von großer Wichtigkeit bei Absenkungsberechnungen. Mit anderen analytischen Berechnungsmethoden wird dieser Punkt so gut wie gar nicht berücksichtigt.

Die angeführten Punkte zeigen, daß mit der Anwendung der Grundwasserhaushaltsgleichungen in Verbindung mit der Vorratsentnahme und der auf diesen Beziehungen basierenden Berechnungsverfahren die natürlichen Bedingungen sowie die Belange der Praxis weitgehendst erfaßt werden können. Mit anderen Berechnungsverfahren kann kaum diese Vielzahl hydrogeologischer und technischer Parameter berücksichtigt werden. Hinzu kommt, daß die Berechnungen mit den Grundwasserhaushaltsgleichungen einschließlich der Vorratsentnahme, wie es auch durch Ergebnisse analoger Verfahren für einfache geologische Verhältnisse bestätigt wird, für die Praxis hinreichend genaue Ergebnisse liefern.

Der Kostenaufwand gegenüber anderen Untersuchungsmethoden ist relativ niedrig.

Auf weitere von LUCKNER angeführte Bemerkungen über die zur Diskussion gestellten hydrogeologischen Verfahren sei im Rahmen dieser Arbeit nicht weiter eingegangen, da auch hier nachgewiesen werden kann, daß sie nicht gerechtfertigt sind.

In Zukunft dürften immer mehr Berechnungsverfahren an Bedeutung gewinnen, mit denen der nichtstationäre Strömungsvorgang exakt berechnet werden kann. Es muß jedoch ermöglicht werden, daß nicht nur Grundwasserleiter mit einfachen Lagerungsverhältnissen und einfachen technischen Entnahmebedingungen berechnet werden bzw. für Grundwasserabsenkungsberechnungen stark vereinfachende Annahmen getroffen werden, sondern daß auch die kompliziertesten hydrogeologischen und technischen Bedingungen mit diesen Berechnungsmethoden erfaßt werden können, da erst dann die Anwendung derartiger Methoden für alle praktischen Anforderungen sinnvoll erscheint.

Ebenfalls sollten bei hydrogeologischen Berechnungen verstärkt verschiedene Verfahren (einschließlich Modelluntersuchungen) kombiniert zum Einsatz gelangen, um die Ergebnisse vergleichen und genau abschätzen zu können.

Zusammenfassung

Die vorliegende Arbeit ist eine Stellungnahme zur obengenannten Arbeit von LUCKNER. Es wird ein Überblick über den Anwendungsbereich der Grundwasserhaushaltsgleichungen unter Berücksichtigung der Vorratsentnahme gegeben. Gleichzeitig wird nachgewiesen, daß die Anwendung der auf diesen Beziehungen beruhenden Berechnungsverfahren nach wie vor in der Praxis gerechtfertigt ist.

Резюме

Настоящая работа является репликой на вышеуказанную работу ЛУКНЕРА. Дается обзор об области применения уравнений баланса грунтовых вод с учетом водозабора. В то же время доказывается обоснованность и для нашего времени применения на практике способов подсчета, основанных на этих взаимоотношениях.

Summary

In the present article the above-mentioned paper by LUCKNER is commented. The fields of application of equations for ground-water resources are reviewed with respect to their borrowing. At the same time, the application of methods of calculation based on these relations is shown to be justified in practice now as before.

Literatur

FUHRIG, F., L. MISCHKEWITZ, L. LUCKNER & L. HERRMANN: Das elektrische Analogiegerät „analog 1" – ein Beitrag zur Rationalisierung der Entwässerung der Braunkohlentagebaue. – Bergbautechnik, H. 4 (1968).

HENNIG, G., & J. POMMERENKE: Beitrag zur Theorie der Ermittlung von Abständen für Entwässerungsstrecken und Fallfilter. – Bergbautechnik, H. 7 (1965).

LUCKNER, L.: Problematik der Berechnung nichtstationärer Grundwasserströmungen durch Vorgabe von Absenkungsstadien. – Z. angew. Geol., **15**, 11, Berlin 1969.

MARIUPOLSKIJ, J. M.: Die wichtigsten Parameter der Grundwasserabsenkung und die typische grundlegende Berechnungsmethode. – Industrialny Metod: AK. Stroit i Arch. SSSR, Sbornik, Nr. 48, Moskau 1962.

PEUKERT, D.: Ein Beitrag zur Berechnung des Entwässerungsverlaufs mittels Brunnengalerien. – Bergbautechnik, H. 10 (1968).

RICHTER, L.: Die Ermittlungen von Abständen paralleler Entwässerungsstrecken und Filterbrunnenreihen bei Tagebauentwässerungen. – Z. angew. Geol., **14**, 8, Berlin 1968.

– Erfassung des Grundwasservorrats bei Grundwasserabsenkungen. – Z. angew. Geol., **15**, 2, Berlin 1969 [1969a].

– Abstandsermittlungen netzförmig angeordneter Brunnengruppen und Einzelbrunnen bei Tagebauentwässerungen. – Z. angew. Geol., **15**, 4, Berlin 1969 [1969b].

– Absenkungs- und Entnahmegleichungen zur Berechnung von Grundwasserabsenkungen. – Bergbautechnik, **19**, 1 (1969) [1969c].

RÜCKERT, H.: Grundwasserabsenkung nach dem Vakuumverfahren. – Mitt. Inst. Ing.- und Tiefbau dt. Bauakad., H. 3 (1965).

SIEMON, H.: Berechnung von Grundwasserabsenkungen unter Berücksichtigung des Grundwasserhaushaltes. – Düsseldorf 1958.

Die Kartierung der hydrogeologischen Verhältnisse bei der Vorerkundung der Braunkohlenlagerstätte Hatzfeld

VOLKER MANHENKE, Leipzig

(Mitteilung Nr. 291 des VEB Geologische Forschung und Erkundung, Betriebsteil Freiberg)

1. Einleitung

Im ersten Stadium der Vorerkundung von Braunkohlenlagerstätten werden im allgemeinen keine speziellen hydrogeologischen Erkundungsmaßnahmen durchgeführt. Die Auswertung im Rahmen des Ergebnisberichtes und der Vorratsberechnung beschränkt sich meistens auf eine globale Charakterisierung der hydrogeologischen Gliederung der Schichtenfolge und die Angabe einzelner allgemeiner, aus Analogieschlüssen gezogener Hinweise.

Eine solche Methodik erscheint durchaus auch mit den 1966 formulierten Anforderungen der Zentralen Vorratskommission an die hydrogeologische Kennzeichnung von Braunkohlenlagerstätten vereinbar zu sein, in denen bei C_2-Vorräten lediglich eine allgemeine Charakterisierung, Einschätzung und orientierende Angabe für erforderlich gehalten werden (s. GLÄSSER 1966, S. 249). Dieser geringe hydrogeologische Erkundungsgrad bietet aber keinesfalls die Voraussetzung für eine ökonomisch zweckmäßige Projektierung der hydrogeologischen Erkundungsmaßnahmen der zweiten Vorerkundungsetappe, nach welcher — auch nach den Forderungen der ZVK — bereits recht detaillierte Aussagen zur hydrogeologischen Situation als Grundlage für die bergtechnische Einschätzung vorliegen müssen.

MILDE (1966b) weist nachdrücklich darauf hin, daß nur anhand von bereits in der C_2-Erkundungsetappe gewonnenen Kenntnissen, u. a. über die hydrogeologischen Lagerungsverhältnisse, hydrogeologisch-lithologische Parameter und die Grundwasserhydraulik, „ein sinnvoller und gezielter Ansatz der eigentlichen hydrogeologischen Erkundungsarbeiten in den folgenden Etappen denkbar, eine Erkundungsprojektierung" möglich ist, „die sich auf Grund erster hydrogeologischer Kenntnisse von schematischen Programmen frei machen kann" (S. 203).

Eingang des Manuskripts in der Redaktion: 22. 10. 1969.

Verf. hält besonders eine möglichst detaillierte hydrogeologische Kartierung des Lagerstättengebietes für erforderlich.

Bei der vom Verf. im Jahre 1965 projektierten und 1966 durchgeführten C_2-Vorerkundung der Braunkohlenlagerstätte Hatzfeld wurden diese Gesichtspunkte bereits berücksichtigt (MANHENKE 1967, S. 81–105). Im folgenden soll darüber kurz berichtet werden.

2. Hydrogeologische Verhältnisse des Lagerstättengebietes

2.1. Unterlagen zur Beurteilung der hydrogeologischen Verhältnisse

Die ca. 10 km östlich von Halle, im Bereich der Halle–Leipziger Tieflandsbucht gelegene Lagerstätte wurde durch 87 geophysikalisch vermessene Spülkernbohrungen mit Tonspülung durch Bohrgeräte vom Typ SIW 150 und KAM 500 K abgebohrt. Es wurden als speziell hydrogeologische Erkundungsmaßnahmen einige Pegel eingebaut, vorhandene geeignete Grundwassermeßstellen vermessen, Siebanalysen und Porenvolumenbestimmungen mit einem finanziellen Aufwand von insgesamt nur rd. 0,5% der Erkundungskosten durchgeführt.

Dadurch konnten folgende Unterlagen zur Beurteilung der hydrogeologischen Verhältnisse herangezogen werden:

a) Schichtenverzeichnisse aller Bohrungen und geologische Schnitte;

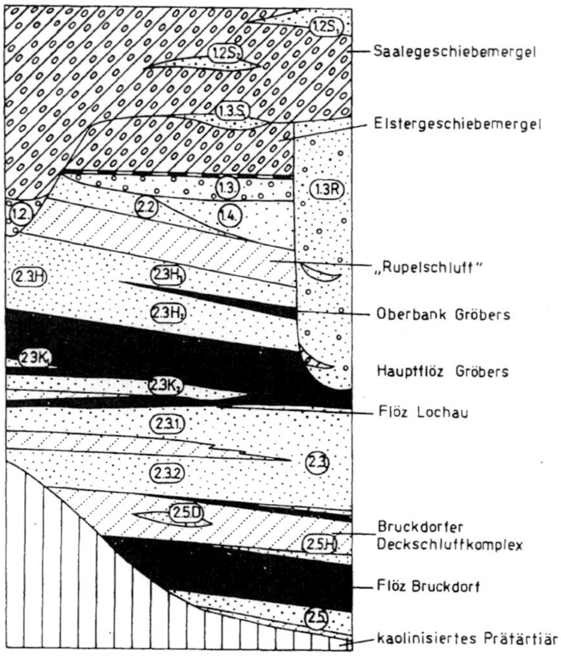

Abb. 1. Hydrogeologisches Idealprofil

b) Korngrößenanalysen und Porenvolumenbestimmungen aus Kernmaterial der Spülkernbohrungen 1966.

Nach sorgfältiger Entfernung der z. T. spülungsverunreinigten randlichen Kernpartie wurden ca. 100, je nach Kerngewinn, Misch- oder Punktproben genommen (vgl. ZIEGENHARDT & KRAMER 1966). Die aus den Korngrößenanalysen nach BEYER (1964) bzw. — wenn der Anteil der Korngröße < 0,06 mm größer als 10% ist — nach der amerikanischen U.S.R.B.-Formel ($k_f = 0{,}0036 \cdot d_{20}^{2,3}$) errechneten k_f-Werte geben einen ersten Überblick über die Durchlässigkeit der einzelnen Grundwasserleiter.

c) Grundwasserstandsbeobachtungen aus sieben in Spülkernbohrungen eingebauten Einfachpegeln.

Dazu wurden Schlammfang-, Filter- und Vollrohr von zwei Zoll Durchmesser in das mit Tonspülung gefüllte Bohrloch eingesetzt, dann klargespült und entsprechend dem bestätigten Verfüllungsplan so verfüllt, daß die Grundwasserstockwerke abgedichtet waren. Das Verfahren war bereits bei der Vorerkundung des Braunkohlenobjekts Egeln erfolgreich erprobt worden (ZIEGENHARDT & KRAMER 1966). Es wurde später auch in den Objekten Delitzsch-NW und -SW mit Erfolg angewandt, wobei außerdem aus solchen Pegeln — auch des Objektes Hatzfeld — nach mehrstündigem Abpumpen Wasserproben zur Grundwasserqualitätsbestimmung entnommen worden sind (MANHENKE 1968).

Die Durchführung von Pumpversuchen wäre allerdings wegen sicherlich an den Bohrlochwänden zurückbleibenden tonigen Ablagerungen erfolglos, und Nachteile sind beim Einsatz in ungespannten Grundwasserleitern und betreffs der Lebensdauer solcher Pegel möglich. Die weitere technologische Entwicklung dürfte entsprechend den Darlegungen von MILDE bei Rotary-Bohrungen mit Klarwasserspülung liegen (1966b, S. 203 u. 206f.).

d) Grundwasserstandsbeobachtungen aus Brunnen und Meßstellen der Wasserwirtschaftsdirektion Saale–Weiße Elster.

Allerdings reichen nur fünf Brunnen und zwei Meßstellen in die Hauptgrundwasserleiter im Liegenden des Geschiebemergelkomplexes.

e) Hydrogeologische Untersuchungsergebnisse aus Nachbarobjekten (MANHENKE 1965/66 und 1966) und aus einer PKB-Studie (1963).

Tabelle 1. Hydrogeologisches Idealprofil

	G 1.2.S	saalekaltzeitliche Schmelzwassersande
	G 1.2	frühsaalekaltzeitliche Schotter
	G 1.3.R	spätelsterkaltzeitliche Rinnensedimente
	G 1.3.S	elsterkaltzeitliche Schmelzwassersande
GWst. 1	G 1.3	frühelsterkaltzeitliche Schotter
	G 1.4	frühpleistozäne (?) Schotter
	G 2.2	ober(?)- bis mitteloligozäne, schluffige Feinsande
GWst. 2	G 2.3.H	mitteloligozäne Sande im Hangenden vom Hauptflöz Gröbers,
	2.3.H_1	Sande zwischen Oberbank Gröbers und „Rupelschluff"
	2.3.H_2	Sandmittel zwischen Oberbank und Hauptflöz Gröbers
GWst. 3	G 2.3.K_1	Sandmittel zwischen Hauptflöz Gröbers und Flöz Dieskau
	G 2.3.K_2	Sandmittel im Hangenden von Flöz Lochau
	G 2.3	„Rupel-Basissande", meist durch Schlufflage zweigeteilt
	G 2.5.D	Sande im Bruckdorfer Deckschluff
	G 2.5.H	Sande zwischen Bruckdorfer Deckschluff und Flöz Bruckdorf
GWst. 4	G 2.5	„Liegendsande" von Flöz Bruckdorf

2.2. Allgemeine Gliederung und Aufbau der Grundwasserstockwerke

Der prätertiäre Untergrund setzt sich aus tiefgründig kaolinisierten Rotliegendsedimenten, Quarzporphyren, Porphyriten und Tuffen zusammen.

Die von NW nach SE zunehmend zwischen 10—50 m mächtige tertiäre Schichtenfolge weist generell eine hydrogeologisch bedeutsame, zweimalige zyklische Gliederung in sogenannten Deckschluff, Flözhorizont und in mächtige Sandschichten auf (MANHENKE 1969b).

Das pleistozäne Deckgebirge, vorwiegend elster- und saalekaltzeitliche Grundmoränen, untergeordnet fluviatile Schotter und Schmelzwassersedimente, wird allgemein 15 m, im SE 35 m, im Bereich einer Auswaschungsrinne > 45 m mächtig.

Tabelle 2

Geschiebemergelkomplex als Hangendstauhorizont frühelsterkaltzeitliche Schotter (G 1.3) frühpleistozäne (?) Schotter (G 1.4) ober- (?) bis mitteloligozäne Feinsande (G 2.2) „Rupelschluff" als Liegendstauhorizont	Grundwasserstockwerk 1
mitteloligozäne Sande (G 2.3.H), z. T. zweigeteilt durch Oberbank Gröbers Hauptflöz Gröbers als Liegendstauhorizont	Grundwasserstockwerk 2
mitteloligozäne Feinsande (G 2.3.K) zwischen Hauptflöz Gröbers und Flöz Lochau bzw. Dieskau und Rupel-Basissand (G 2.3), meist durch Schlufflage zweigeteilt Bruckdorfer Deckschluffkomplex als Liegendstauer	Grundwasserstockwerk 3
Liegendsande (G 2.5) tertiärer Liegendschluff und kaolinisiertes Prätertiär als Liegendstauhorizont	Grundwasserstockwerk 4

Die mannigfaltige Schichtenfolge führt zu einem recht wechselhaften und nicht einfachen Aufbau der Grundwasserstockwerke.

In Abb. 1 ist — etwa als schematisierter W—E-Schnitt — das hydrogeologische Idealprofil des Erkundungsgebietes dargestellt. Neben den räumlich begrenzten Schmelzwassersandlinsen innerhalb des Geschiebemergelkomplexes (G 1.2.S und G 1.3.S), den frühsaalekaltzeitlichen Schottern (G 1.2), die nur am westlichsten Feldesrand ausgebildet sind, und den spätelsterkaltzeitlichen Rinnensedimenten (G 1.3.R), die nur in der Nordostecke des Erkundungsgebietes auftreten, aber für die Grundwasserhydraulik von größter Bedeutung sind, gliedert sich die känozoische Schichtenfolge im Hauptfeldesteil in vier Grundwasserstockwerke (Tab. 2, S. 79).

Daneben treten zwischen Flöz Bruckdorf und dem Deckschluff untergeordnet noch teilweise geringmächtige Sande (G 2.5.H) auf.

Die Numerierung der Grundwasserleiter erfolgt nach der vom Verf. in den Braunkohlenlagerstätten der nördlichen Leipziger Bucht vorgenommenen Gliederung.

Dabei erhalten die quartären Grundwasserleiter als erste Zahl die 1, als zweite Zahl 0 für Holozän, 1 für Weichselkaltzeit, 2 für Saalekaltzeit, 3 für Elsterkaltzeit, 4 für Frühpleistozän. Diese Zahlen (1.0.—1.4.) gelten für die Fluß-

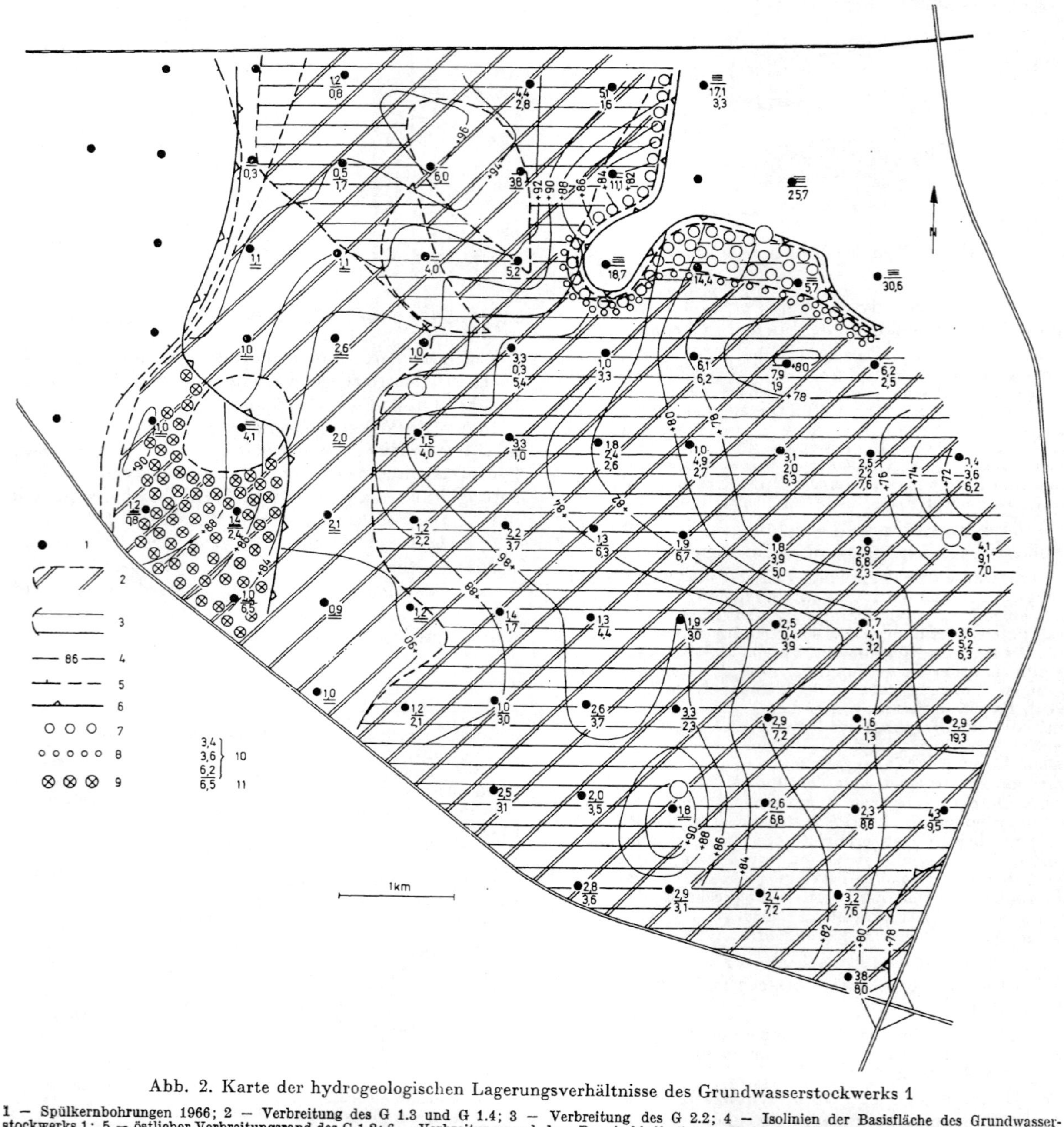

Abb. 2. Karte der hydrogeologischen Lagerungsverhältnisse des Grundwasserstockwerks 1

1 — Spülkernbohrungen 1966; 2 — Verbreitung des G 1.3 und G 1.4; 3 — Verbreitung des G 2.2; 4 — Isolinien der Basisfläche des Grundwasserstockwerks 1; 5 — östlicher Verbreitungsrand des G 1.2; 6 — Verbreitungsrand des „Rupelschluffes"; 7 — Verbindung G 2.2 zu G 1.3. R (Sietzscher Rinne); 8 — Verbindung G 1.4 zu G 1.3. R; 9 — Verbindung G 1.3 zu G 2.3. H; 10 — erbohrte Grundwasserleitermächtigkeiten (G 1.3, G 1.4, G 2.2); 11 — erbohrte Grundwasserleitermächtigkeit des G 1.2 bzw. G 1.3. R bzw. G 2.3. H bei hydraulischer Verbindung

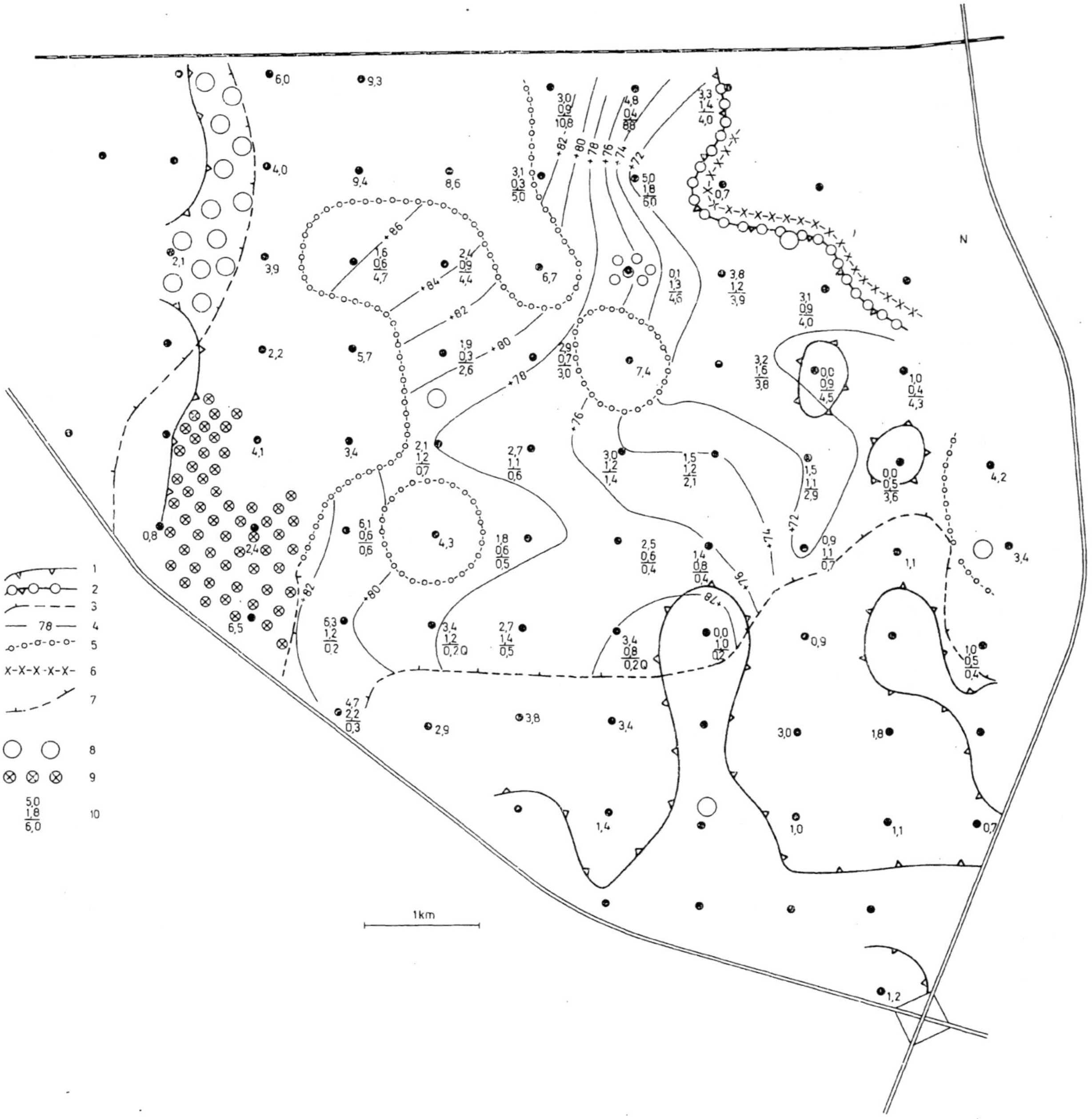

Abb. 3. Karte der hydrogeologischen Lagerungsverhältnisse des Grundwasserstockwerks 2

1 – Verbreitung Grundwasserstockwerk 2; 2 – Verbindung G 2.3. H_1 mit G 1.3. R (Sietzscher Rinne); 3 – Abspaltungslinie der Oberbank Gröbers; 4 – Isolinien der Basisfläche der Oberbank; 5 – Verbindung G 2.3. H_1 und G 2.3. H_2 durch Auskeilen der Oberbank Gröbers; 6 – Verbindung G 2.3. H_2 zu G 1.3. R; 7 – östlicher Verbreitungsrand G 1.2; 8 – Verbindung G 2.3. H zu G 1.2; 9 – Verbindung G 2.3. H zu G 1.3; 10 – Mächtigkeit Grundwasserstockwerk 2 (unterstrichen = Oberbank Gröbers, z. T. mit Schlufflage, Q = verkieselter Schluff)

schotter als Hauptgrundwasserleiter im Pleistozän. Bei Nebengrundwasserleitern, wie Schmelzwassersanden im Geschiebemergelkomplex, wird noch ein S, bei Rinnensedimenten ein R hinzugefügt.

Die tertiären Grundwasserleiter erhalten als erste Zahl die 2, als zweite Zahl 0 für Pliozän, 1 für Miozän, 2 für Oberoligozän, 3 für Mitteloligozän, 4 für Unteroligozän, 5 für Eozän. Diese Zahlen (2.0.–2.5.) gelten jeweils für die mächtigen Sandpartien im Liegenden der Flöze als Hauptgrundwasserleiter im Tertiär. Bei Nebengrundwasserleitern im Deckstauhorizont wird noch ein D, im Bereich zwischen Deckstauhorizont und Flözhorizont ein H, innerhalb des Kohleflözhorizontes ein K hinzugefügt.

2.3. Aufstellung der erarbeiteten hydrogeologischen Karten

Zur Darstellung der hydrogeologischen Lagerungsverhältnisse des Vorratsfeldes wurde eine Reihe von Karten im Maßstab 1:25000 erarbeitet, auf denen jede einzelne grundwasserführende Schicht entsprechend dem vorliegenden Kenntnisstand ausgehalten worden ist:

a) detaillierte Bohrstäbchenprofile für den Saale- und Elstergeschiebemergelkomplex mit Angabe von Verbreitung und Basisfläche sowie Mächtigkeit der eingelagerten Sand- und Kieshorizonte;

b) Pleistozänbasisfläche mit Pleistozänmächtigkeit, Verbreitung, Mächtigkeit und Isolinien der Basisfläche der

frühsaalekaltzeitlichen Flußschotter G 1.2,
Siedersdorfer Rinnensedimente G 1.3.R,
frühpleistozänen(?) Flußschotter G 1.4;

c) frühelsterkaltzeitliche Flußschotter G 1.3 mit Verbreitung, Mächtigkeit, Isolinien der Basisfläche;

d) Grundwasserstockwerk 1
mit Verbreitung, Mächtigkeiten, Isolinien der Basisfläche, Art der Liegendstauhorizonte und hydraulischen Verbindungen (Abb. 2);

e) Grundwasserleiter G 2.2 und Rupelschluff mit Verbreitung, Mächtigkeiten, Basisfläche, hydraulischen Verbindungen und Basisfläche Rupelschluff △ Oberfläche Grundwasserstockwerk 2;

f) Grundwasserstockwerk 2
mit Verbreitung, Mächtigkeit, hydraulischen Verbindungen sowie Verbreitung und Basisfläche der Oberbank Gröbers als geringmächtigem Stauhorizont in diesem Grundwasserstockwerk (Abb. 3);

g) Hangendgrundwasserverhältnisse des Hauptflözes Gröbers mit Oberfläche des Hauptflözes △ im wesentlichen der Basisfläche des Grundwasserstockwerks 2 (Abb. 4);

Abb. 4. Karte der Hangendgrundwasserleiterverhältnisse des Hauptflözes Gröbers

1 — Isolinien der Oberfläche Hauptflöz Gröbers; 2 — Om — Isopache Hauptflöz Gröbers; 3—7 — Art des zunächst im Hangenden des Hauptflözes Gröbers auftretenden Grundwasserleiters; 3 — pleistozäne Grundwasserleiter; 4 — Grundwasserleiter 2.2; 5 — Grundwasserleiter 2.3. H; 6 — Grundwasserleiter 2.3. H_2; 7 — Grundwasserleiter 2.3. H_1 über 2.3. H_2 (letzterer $\leq$ 0,5 m mächtig); 8 — hydraulische Verbindungen zwischen diesen Grundwasserleitern; 9 — Mächtigkeit von dem Hauptflöz Gröbers direkt aufliegenden wasserstauenden Schichten (GM — Geschiebemergel, T — Ton, R — „Rupelschluff", Q — verkieselter Schluff, Su — sonstiger Schluff)

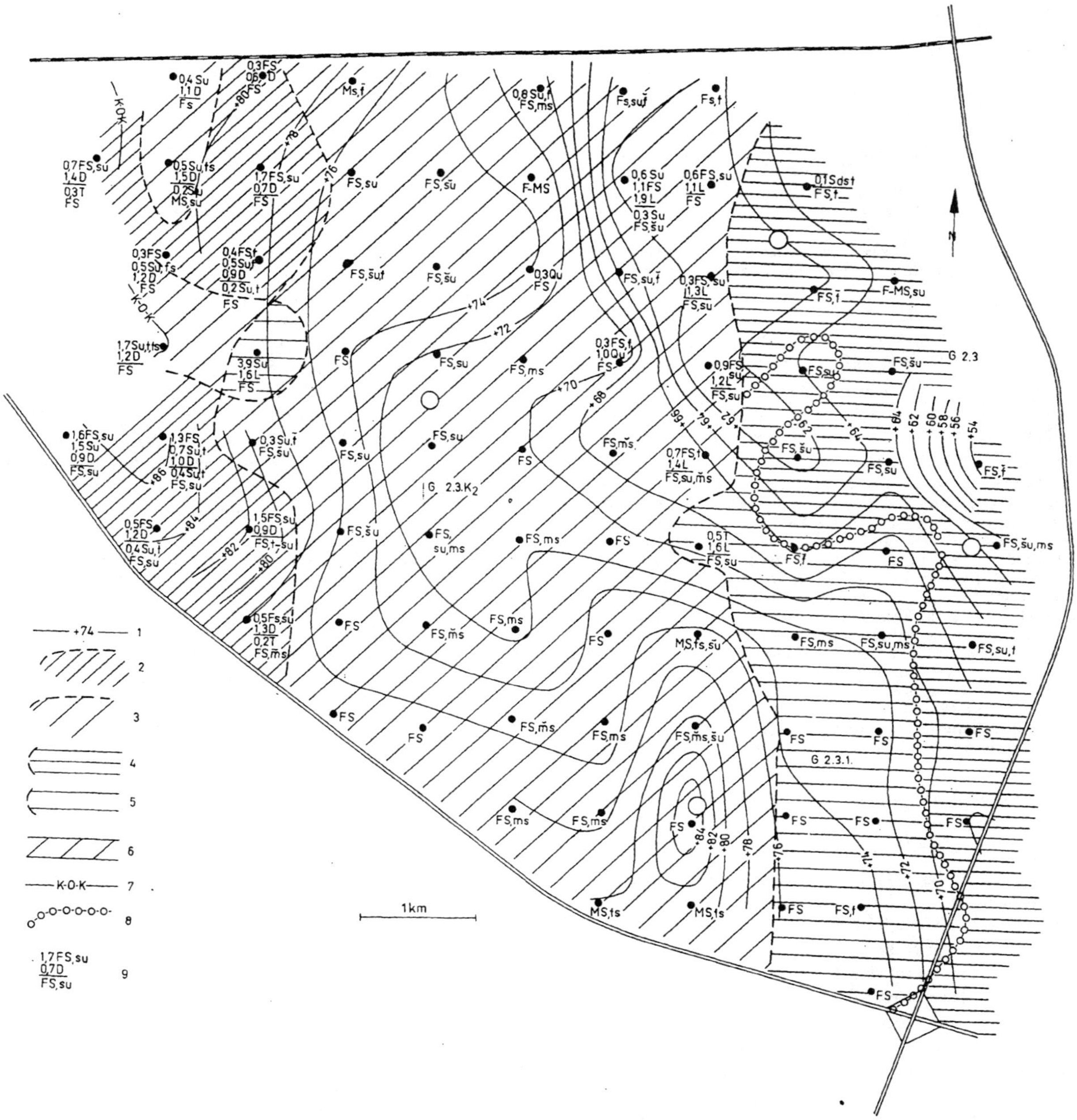

Abb. 5. Karte der Liegendgrundwasserleiterverhältnisse des Hauptflözes Gröbers

1 – Isolinien der Basisfläche Hauptflöz Gröbers; 2–6 – Art der zunächst im Liegenden des Hauptflözes Gröbers auftretenden Grundwasserleiter; 2 – Grundwasserleiter 2.3.K_1; 3 – Grundwasserleiter 2.3.K_2; 4 – Grundwasserleiter 2.3; 5 – Grundwasserleiter 2.3.1; 6 – Flöz Lochau als Stauer zwischen G 2.3 und G 2.3.K_2 $\leq$ 0,5 m mächtig, enge hydraulische Verbindung; 7 – Om – Isopache Hauptflöz Gröbers; 8 – hydraulische Verbindung G 2.3.1 zu G 2.3.2 durch Auskeilen der Schluffpartie; 9 – Ausbildung und z. T. Mächtigkeit der unmittelbar im Liegenden des Hauptflözes auftretenden Schichten (D – Flöz Dieskau, L – Flöz Lochau, f – verfestigt, stark, schwach, sonst. Abkürzungen nach TGL)

h) Liegendgrundwasserverhältnisse des Hauptflözes Gröbers mit Unterfläche des Hauptflözes (Abb. 5);

i) Grundwasserleiter G 2.3.K_2
mit Verbreitung, Mächtigkeit, Isolinien der Basisfläche, hydraulischen Verbindungen;

j) Grundwasserleiter G 2.3
mit Verbreitung, Mächtigkeit, Oberfläche des eingelagerten Schluffhorizontes und hydraulischen Verbindungen zwischen G 2.3.1 und G 2.3.2;

k) Grundwasserleiter G 2.3. und G 2.5.H
mit Isolinien der Basisfläche G 2.3 (Grundwasserstockwerk 3) und Art der Liegendstauhorizonte;

l) Grundwasserstockwerk 4
mit Verbreitung, Mächtigkeit und Oberfläche $\triangleq$ Basisfläche von Flöz Bruckdorf.

Auf sonstigen Karten sind noch folgende hydrogeologische Verhältnisse ersichtlich:

m) Basisfläche Dehlitzscher Bänderton $\triangleq$ Oberfläche des Grundwasserleiters G 1.3;

n) Basisfläche Flöz Lochau $\triangleq$ Oberfläche des G 2.3;

o) Prätertiäroberfläche $\triangleq$ im wesentlichen der Unterfläche des G 2.5.

Die Untersuchungsergebnisse des lithologischen Aufbaus und der Grundwasserführung wurden auf folgenden Karten dargestellt:

p) Durchlässigkeitsbeiwerte als Bohrstäbchen;

q) Pegel und Grundwasserstände mit Hydroisohypsen, Fließrichtungen und Grundwasserdruck auf die Hangendfläche.

Im Rahmen dieser Arbeit wurden vier Karten wiedergegeben (Abb. 2—5); im Original sind die Flächen allerdings durch Farben übersichtlicher gestaltet worden. Auf die Wiedergabe der übrigen Karten wird verzichtet (s. MANHENKE 1967). Verbreitung, Lagerung und lithologischer Aufbau sollen ebenfalls nur kurz beschrieben werden.

2.4. Hydrogeologische Lagerungsverhältnisse, lithologischer Aufbau und Grundwasserführung der Grundwasserstockwerke

2.4.1. Grundwasserleiter im Geschiebemergelkomplex

Der Geschiebemergelkomplex bedeckt mit von 30 m im Süden auf 10 m im Norden abnehmenden Mächtigkeiten das gesamte Untersuchungsgebiet. Darin eingelagert sind einige, meist geringmächtige Sand- bis Kiessandlinsen.

Oberflächig anstehende N—S streichende rinnenähnliche Vorkommen (s. KEILHACK 1921) können Mächtigkeiten um 10 m erreichen. Der Grundwasserspiegel ist hier 1—2 m unter Gelände frei ausgebildet. Nach einem von PKB „Kohle" (1963, Anl. 23) konstruierten Hydroisohypsenplan verläuft durch das Vorratsfeld in Höhe der Ortschaft Queis eine etwa N—S streichende Grundwasserscheide. Das Wasser ist durch Fäkalien und künstlichen Dünger etwas verunreinigt, Chlorgehalte zwischen 50—300 mg/l (vgl. PKB „Kohle" 1963, S. 51f., auch FITZNER & ZIESCHANG 1963). In künftigen Erkundungsetappen ist ein bis mehr als 9 m mächtiger, im Südwesten und Osten über das Vorratsfeld hinaus verbreiteter Kiessandhorizont (G 1.3.S) zu beachten, der wahrscheinlich mit der Sietzscher Auswaschungsrinne (s. unten) hydraulisch verbunden ist (s. MANHENKE & GROSSE 1970).

2.4.2. Grundwasserleiter zwischen Geschiebemergelkomplex und Hauptflöz Gröbers (Grundwasserstockwerk 1 und 2)

Im Hangenden des Hauptflözes sind die durch den „Rupelschluff" getrennten Hauptgrundwasserstockwerke 1 und 2 ausgebildet (Abb. 1).

Die frühelsterkaltzeitlichen Flußschotter G 1.3 des Grundwasserstockwerkes 1 treten in einem nach ENE gerichteten Hauptlauf, dessen nordnordwestliches Ufer südlich von Queis bis nördlich von Wiedemar verläuft, mit von 1—4 m zunehmenden Mächtigkeiten und in dem von N einmündenden Klepziger Nebenarm mit Mächtigkeiten zwischen 1—2 m auf (s. Abb. 2).

Die Basisfläche fällt innerhalb der Lagerstätte von +90 auf +86 m NN nach E ein. Die Flußschotter sind als Kiessand bis Kies mit Durchlässigkeitswerten bei ca. 0,5—1 $\times 10^{-3}$ m/s ausgebildet. Das nutzbare Porenvolumen wurde in einer Probe mit 22% ermittelt, der k_f-Wert mit 0,51 $\times 10^{-3}$ m/s.

Im Liegenden des G 1.3 treten in einem NW—SE verlaufenden, etwa 2—2,5 km breiten Streifen frühpleistozäne (?) Schotter (G 1.4) mit Mächtigkeiten zwischen 2—8 m, durchschnittlich 5 m, auf (Abb. 2).

Außerhalb der Verbreitung des G 1.3 unterlagert dieser G 1.4 unmittelbar den Geschiebemergelkomplex. Seine Basisfläche fällt von +96 m auf +78 m NN nach ESE ein. Er ist als gut sortierter Feinkies mit Grobsandanteil und k_f-Werten bei ca. 1—1,3 $\cdot 10^{-3}$ m/s ausgebildet. Eine Analyse erbrachte 1,28 $\cdot 10^{-3}$ m/s und ein nutzbares Porenvolumen von 25%.

Die im Liegenden der pleistozänen Schotter folgenden Bitterfelder Glimmer- und Grünsande (vgl. EISSMANN 1968, S. 35) des G 2.2 erreichen am E- und SE-Rand des Vorratsfeldes Mächtigkeiten bis zu 12 m. Zum westlichen Feldesrand hin nimmt die Mächtigkeit entsprechend dem generell nach E gerichteten Einfallen der gesamten Tertiärschichten kontinuierlich ab, und schließlich wird zunächst der G 2.2, etwas weiter westlich auch der „Rupelschluff" vom Pleistozän gekappt (s. Abb. 2).

Für die glimmerführenden und schluffigen Feinsande des G 2.2 wurden k_f-Werte bei $1 \cdot 10^{-5}$ m/s und in zwei Proben Porenvolumina von 17,5 bzw. 30,1% ermittelt.

Insgesamt erreichen die zum Grundwasserstockwerk 1 gerechneten Schichten bis auf 15 m im E ansteigende Mächtigkeiten.

Infolge der unterschiedlichen Durchlässigkeit und teilweise auch Neigung der zu diesem Grundwasserstockwerk gehörenden Grundwasserleiter dürfen sicherlich komplizierte Grundwasserströmungsverhältnisse angenommen werden (vgl. z. B. KEGEL 1938, S. 15). Hinzu kommen noch die auf relativ engem Raum bestehenden vielfältigen hydraulischen Verbindungen (s. Abb. 2), auf die unten eingegangen wird.

Der Grundwasserspiegel ist mit 4—25 m Wassersäule stark gespannt. Die vereinzelt vorhandenen bzw. gesetzten Beobachtungspegel vermitteln noch kein klares Bild über die Grundwasserhydraulik. Im östlichen Feldesteil wurde eine nordöstliche Grundwasserfließrichtung ermittelt, am nördlichen Rand ist dagegen eine nördliche und an der südöstlichen Spitze eine fragliche Fließrichtung nach WSW angedeutet. Auf die Wiedergabe von Hydroisohypsenkarten wird hier verzichtet.

Der 2—7 m mächtige „Rupelschluff" im Liegenden des Grundwasserstockwerks 1 ist wassergesättigt und dürfte im wesentlichen als Stauhorizont wirken. Dieser stark feinsandige Schluff bis sehr stark schluffige Feinsand mit Glaukonitgehalt und einem Einfallen von 1:280, maximal 1:110, nach ENE bis E, dürfte entwässerungstechnisch schwer zu beherrschen sein (vgl. HOHL & MATSCHAK 1967).

Der Fazieswechsel von den schluffigen Feinsanden des G 2.2 zum „Rupelschluff" erfolgt ohne scharfe Grenze. Einige Schlämmanalysen des „Rupelschluffes" zeigen Schluffanteile um 42—53%, Feinsand um 36—54% und Mittelsand um 3—11%. Nach der U.S.R.B.-Formel wurden k_f-Werte von 0,5—2,5 $\cdot 10^{-8}$ m/s errechnet. Es sind vereinzelt Feinsandschmitzen eingelagert; ein k_f-Wert wurde hieraus nach BEYER (1964) mit $5 \cdot 10^{-5}$ m/s ermittelt. Vier Bestimmungen des nutzbaren Porenvolumens zeigen die erwarteten geringen Werte von durchschnittlich 15%, zwei Bestimmungen geben dagegen 33 bzw. 51% (?) an.

Das im Liegenden des „Rupelschluffes" auftretende Grundwasserstockwerk 2 überlagert im Hauptfeldesteil unmittelbar das Hauptflöz Gröbers. Es wird durch die sich auf einer W—E verlaufenden Linie vom Hauptflöz abspaltende Oberbank Gröbers, die nur 0,5—1,5 m mächtig wird, im mittleren Feldesteil zweigeteilt (Abb. 3).

Die durchschnittlich ca. 5—6 m betragende Mächtigkeit nimmt nach S ab. Am SSE-Rand keilen die Schichten dieses Grundwasserstockwerks aus, und der hangende „Rupelschluff" liegt direkt dem Hauptflöz Gröbers auf. Am Westfeldesrand wurden die Schichten durch die Pleistozänerosion gekappt.

Die generell der Flözoberfläche entsprechende Basisfläche des Grundwasserstockwerks 2 fällt von +90 m auf +66 m NN nach E bis NE ein (s. Abb. 4).

Der G 2.3. H (vgl. Abb. 1) zeigt einen recht inhomogenen lithologischen Aufbau. Überwiegend ist er als schwach schluffiger Feinsand ausgebildet, z. T. glimmerführend, z. T. mittelsandig, oberhalb der Oberbank Gröbers häufiger stärker schluffig, auch glaukonitisch, unmittelbar im Hangenden der Oberbank als sehr gut sortierter Feinsand von 0,1—0,2 mm ⌀ wechsellagernd, z. T. mit Mittelsandlinsen, im Zwischenmittel zwischen Oberbank und Hauptflöz häufiger mittelsandig und mit feinsandigen Mittelsandlagen. Die nach BEYER (1964) ermittelten Durchlässigkeitsbeiwerte liegen um $0{,}5-1{,}8 \cdot 10^{-4}$ m/s, einige stark schluffige Einlagerungen haben nach der U.S.R.B.-Formel $0{,}03-1{,}25 \times 10^{-6}$ m/s. Das nutzbare Porenvolumen wurde in drei Proben mit 29—33% bestimmt. Ein im Grundwasserstockwerk 2 stehender Pegel zeigt eine starke Grundwasserspannung von 30 m Wassersäule an. Eine Wasseranalyse bringt u. a. neutrale Reaktion, 6,2 mg/l Fe, 74 mg/l Chlorid und 2 mg/l aggressive Kohlensäure.

Die Grundwasserstockwerke 1 und 2 sind im NE über die spätelsterkaltzeitlich angelegte Sietzscher Rinne, die Teil eines größeren Rinnensystems ist (vgl. EISSMANN 1967, S. 815), hydraulisch verbunden. Die Schmelzwassersande und -kiese dieser Rinne greifen bis über 30 m tief auf unter +70 m NN in die unterlagernde Schichtenfolge ein.

Außerdem sind beide Stockwerke im SW-Feldesteil verbunden. Hier wurde der „Rupelschluff" durch die frühelsterkaltzeitliche Saale erodiert, und so liegen die Schotter des G 1.3 unmittelbar auf den Feinsanden des G 2.3.H.

Das westliche Randgebiet der Lagerstätte weist eine völlig andere hydrogeologische Gliederung auf. Die obenbeschriebenen Grundwasserstockwerke sind im Pleistozän erodiert worden, und hier erstreckt sich das Ostufer des frühsaalekaltzeitlichen Saalehauptlaufes (s. RUSKE 1964).

Diese Flußschotter erreichen mehr als 6 m Mächtigkeit und zeigen ein Gefälle nach N. Eine unmittelbare Verbindung der Schotter mit den Grundwasserleitern des Stockwerks 1 wurde nicht ermittelt. Im NW überlagern diese Flußschotter aber die Feinsande des Grundwasserstockwerks 2 (Abb. 3), so daß eine hydraulische Verbindung besteht. Etwa bei Queis dürfte sich eine Grundwasserscheide zwischen dem innerhalb dieses Flußschotterzuges wohl nach N gerichteten Grundwasserstrom, der die nördlich von Hatzfeld gelegenen Porphyraufragungen von Landsberg im W umgeht, und dem nach NE gerichteten Grundwasserstrom im Hauptfeldesteil ausgebildet haben (vgl. Pkt. 3).

Es ergeben sich also im Hangenden des Hauptflözes Gröbers recht komplizierte Grundwasserverhältnisse, deren Vielfalt auch aus Abb. 4 ersichtlich ist, wo die verschiedenen, unmittelbar dem Hauptflöz auflagernden Grundwasserleiter dargestellt worden sind.

2.4.3. Grundwasserleiter im Liegenden des Hauptflözes Gröbers (Grundwasserstockwerk 3)

Die Liegendgrundwasserverhältnisse werden im Rahmen dieser Arbeit in Abb. 5 lediglich skizziert. Es ist ersichtlich, daß — bedingt durch die Abspaltung der Flöze Dieskau und Lochau (MANHENKE 1969b) und die überwiegend sandige Ausbildung der Zwischenmittel — auch im unmittelbaren Liegenden des Hauptflözes verschiedene Grundwasserleiter auftreten.[1]) Die Verhältnisse sind aber weniger kompliziert, da die Schichten lithologisch recht gleichförmig als Feinsande ausgebildet wurden und die geringmächtigen Flöze Dieskau und Lochau sowie teilweise vorkommende Schluffpartien nur unvollkommene Stauer darstellen dürften, die Liegendgrundwasserleiter dadurch hydraulisch eng verbunden sind und als ein Grundwasserstockwerk angesehen werden können.

So lassen sich auch aus den Grundwasserständen zweier im G 2.3.K_2 (s. Abb. 1) und zweier im G 2.3 stehender Pegel Isohypsen konstruieren, die im mittleren und östlichen Lagerstättengebiet eine dem Gefälle der Schichten und den bekannten Verhältnissen der östlich gelegenen Objekte Delitzsch-NW und -SW (MANHENKE 1966, 1968) entsprechende Grundwasserfließrichtung nach NE anzeigen.

Die Ausbildung des nur bis 1,7 m mächtigen, grundwasserführenden Mittels zwischen Hauptflöz Gröbers und Flöz Dieskau zeigt Abb. 5. Die hydraulischen Verhältnisse dürften durch den frühsaalekaltzeitlichen Saalehauptlauf (s. oben) bestimmt werden, der das Zwischenmittel westlich der Erosionslinie des Hauptflözes überlagert.

Das Zwischenmittel zum Flöz Lochau besteht aus Feinsanden bis schluffigen, z. T. auch stärker mittelsandigen Feinsanden bis zu 8 m, durchschnittlich bis zu 3,5 m, Mächtigkeit und aus einem teilweise ausgebildeten stark feinsandigen Deckschluff um 0—2 m Mächtigkeit. Das allgemein 1—2 m mächtige Flöz Lochau wurde auf dem Rücken von Rabutz nur mit Mächtigkeiten von 0,1—0,5 m erbohrt. Auf einer N—S streichenden Linie zwischen Sietzsch und östlich Rabutz scharen sich Flöz Lochau und Hauptflöz Gröbers, und das Zwischenmittel keilt aus.

Die für den G 2.3.K_2 ermittelten k_f-Werte liegen meist um $0{,}5-1{,}2 \cdot 10^{-4}$ m/s nach BEYER (1964). In einer Probe wurde ein nutzbares Porenvolumen von 28,5% bestimmt.

Im Liegenden des Flözes Lochau bzw. östlich der Abspaltungslinie im Liegenden des Hauptflözes Gröbers treten im NW bis 1 m, im SE bis 20 m mächtige, häufig schluffig bis mittelsandige Feinsande des G 2.3 auf, die im mittleren und südlichen Feldesteil durch eine 0,5—6 m mächtige feinsandige, mit mm-mächtigen Feinsandlagen wechsellagernde Schluffpartie zweigeteilt sind (vgl. Abb. 1).

Die vom Bruckdorfer Deckschluff, Flöz Bruckdorf, bzw. außerhalb deren Verbreitung (MANHENKE 1969b) vom Prätertiär gebildete Basisfläche fällt generell von +74 m im W auf +36 m NN im E ein. Durchlässigkeitsbeiwerte dürften bei 10^{-4} m/s liegen. Vier Bestimmungen des nutzbaren Porenvolumens bringen Werte um 21—31%.

Das Grundwasser ist stark gespannt mit einem Druck auf die Hangendfläche von 30—40 m Wassersäule. Die Grundwasserfließrichtung verläuft generell nach NE (s. Pkt. 3).

FITZNER & ZIESCHANG (1963) geben ab 2 km südwestlich der Lagerstätte Hatzfeld eine nachgewiesene bis wahrscheinliche Erhöhung des Cl'-Gehaltes mit zunehmender Tiefe bzw. hohen bis sehr hohen Cl'-Gehalt bei konzentrierter Gewinnung größerer Grundwassermengen an. Diese Versalzung steht zweifellos im Zusammenhang mit der Halleschen Störungszone, die 2—3 km südwestlich von Hatzfeld verläuft und wo auf der südlich gelegenen, relativ abgesenkten Merseburger Triasplatte mit unterlagerndem Zechstein salinare Auslaugung auftritt (ENGERT 1957, HOHL 1960, LEHMANN 1949). Besonders bemerkenswert ist ein Durchbruch von salzhaltigem Wasser mit 60000—63000 mg/l Cl' aus dem tektonisch gestörten prätertiären Untergrund des Tagebaus Lochau (s. GEBHARDT 1966), der 5,5 km südwestlich von Hatzfeld im Grundwassereinzugsgebiet der Weißen Elster liegt und nach FITZNER & ZIESCHANG (1963) allgemein versalzenes Grundwasser fördert.

Im Vorratsfeld Hatzfeld liegen aber andere geologische und hydrogeologische Verhältnisse vor.

Zwar wurden im obereozänen Flöz Bruckdorf erhöhte Salzgehalte von teilweise > 0,5% Na_2O gesamt in Senkenzentren und auch in den Flözen des mitteloligozänen Flözhorizonts am südwestlichen Feldesrand ermittelt (MANHENKE 1969b), was auf den Einfluß von Zechsteinlaugen — allerdings wohl zur Flözbildungszeit (vgl. JACOB 1960, ZIEGENHARDT & KRAMER 1967) — hinweist.

[1]) Zur Kartierung von Liegendgrundwasserverhältnissen s. auch MILDE (1967a).

Mehrere Faktoren sprechen aber gegen die Möglichkeit einer Versalzung des Grundwassers:

a) die Zusammensetzung des prätertiären Untergrundes bis 2—3 km südwestlich von Hatzfeld aus Rotliegendsedimenten und Quarzporphyren (s. MANHENKE 1969b), die außerdem tiefgründig kaolinisiert sind;

b) die Existenz einer allerdings noch nicht genau fixierten Grundwasserscheide südwestlich von Hatzfeld (s. oben u. Pkt. 3); die Grundwasserabsenkung beim Aufschluß eines Tagebaus würde nicht bis zu Halleschen Störung reichen, im Grundwasserstockwerk 1 z. B. nur 850 m von der Südgrenze aus betragen (berechnet nach SICHARDT 1928: $R = 3000 \cdot 20 \cdot 2 \cdot 10^{-4}$ m (s. MANHENKE 1967, S. 101);

c) die Tatsache, daß das Grundwasservorkommen infolge zahlreicher hydraulischer Verbindungen zwischen den Grundwasserleitern generell einheitlich in den Wasserkreislauf einbezogen ist und kaum so große Differenzierungen im Chemismus aufweisen kann.

Eine Versalzung von Grundwasser im Raum Hatzfeld dürfte demnach auch bei stärkster Entwässerung unwahrscheinlich sein.

2.4.4. Grundwasserleiter im Hangenden und Liegenden des Flözes Bruckdorf

Im Hangenden des obereozänen Flözes Bruckdorf tritt der 1—6 m mächtige Bruckdorfer Deckschluff als Stauhorizont auf.

Eine Schlämmanalyse zeigt für den Schluff einen nach der U.S.R.B.-Formel berechneten k_f-Wert von $0{,}9 \cdot 10^{-8}$ m/s.

Im Deckschluff tritt vereinzelt ein geringmächtiger (0,3—2 m) schluffiger Feinsand bis mittelsandiger Grobsand und an der Basis, direkt über dem Flöz, ein weiterer geringmächtiger (meist um 0,3—1,2 m) mittelsandiger Fein- bis Grobsand auf.

Nordwestlich von Rabutz wird der gesamte Bruckdorfer Deckschluff durch mit 6,2 m erbohrte Fein- bis Grobsande vertreten, so daß eine hydraulische Verbindung zum Grundwasserstockwerk 3 besteht. Drei k_f-Werte liegen bei 4,6 bis $5{,}5 \cdot 10^{-4}$ m/s nach BEYER (1964).

Im Liegenden des Flözes treten durchschnittlich 1,8 m mächtige (0,4—4,6 m), z. T. stark schluffige Feinsande mit Partien von Schluff und grobsandigen Fein- bis Mittelsanden als G 2.5 auf, deren Oberfläche allgemein der Flözbasisfläche und deren Basisfläche im wesentlichen der Prätertiäroberfläche, z. T. zuzüglich einem geringmächtigen Liegendschluff, entspricht.

Am Verbreitungsrand dieses vierten Grundwasserstockwerks bestehen häufig hydraulische Verbindungen mit dem dritten Stockwerk, so daß entsprechend starke Grundwasserspannung und Fließrichtung herrschen dürften.

Vier Durchlässigkeitsbeiwerte zeigen Mittel bei 10^{-5} m/s, und eine nutzbare Porenvolumenbestimmung erbrachte 24,7%.

Die tiefgründig kaolinisierte Verwitterungsdecke des Prätertiärs bildet einen sehr guten Stauhorizont für die känozoischen Grundwasserleiter des Vorratsfeldes (s. auch MANHENKE 1969b).

Eine Schlämmanalyse aus einem kaolinisch verwitterten Quarzporphyr erbrachte z. B. einen nach der U.S.R.B.-Formel errechneten k_f-Wert von $0{,}2 \cdot 10^{-9}$ m/s.

3. Hinweise für die weitere montanhydrogeologische Erkundung

Die erarbeiteten Kenntnisse der hydrogeologischen Verhältnisse ermöglichen den gezielten Ansatz der Erkundungsarbeiten innerhalb des Lagerstättengebietes, nsbesondere des Trockenbohrprogramms und des Einbaus weiterer Grundwasserbeobachtungsrohre in Spülkernbohrungen, entsprechend den Anforderungen bei C_1-Braunkohlenvorräten (s. GLÄSER 1966, S. 249f.; MILDE 1966b, S. 203).

Hier soll nur auf einige für das Vorratsfeld Hatzfeld erkennbare Schwerpunkte hingewiesen werden.

Insbesondere muß die Untersuchung von Stauwirkung und Entwässerbarkeit des „Rupelschluffes" Schwerpunkt der C_1-Erkundung sein. Die Möglichkeit der entwässerungstechnischen Beherrschung dieses Horizontes dürfte für die bergtechnische Einschätzung von besonderer Bedeutung sein (s. oben, vgl. HOHL & MATSCHAK 1967).

Des weiteren sollte eine gründliche Untersuchung der Verhältnisse im Grenzbereich zwischen den sich überlagernden pleistozänen und tertiären Grundwasserleitern des Grundwasserstockwerks 1 erfolgen, die stark unterschiedliche Durchlässigkeitsbeiwerte aufweisen und bei denen eventuell differenzierte Entwässerungsmaßnahmen ökonomisch vorteilhaft sein können.

Die Klärung der hydraulischen Verhältnisse im Hangenden des Hauptflözes Gröbers dürfte eine eingehende Beobachtung besonders am Westrand, wo die mögliche Verbindung des G 1.3 zum G 1.2 untersucht werden muß, am Südrand, wo die Grundwasserscheide zum Einzugsgebiet der Weißen Elster fixiert werden soll, und auch im Randbereich der Sietzscher Auswaschungsrinne erforderlich machen.

Beachtet werden sollte außerdem die — wenn auch geringe — Möglichkeit einer Versalzung der Grundwässer der tiefsten Stockwerke unter dem Aspekt größerer Förderung und Absenkung beim Abbau von Flöz Bruckdorf, da die Ableitung der Abwässer dann erhebliche Kosten bereiten würde.

Die aus der C_2-Erkundungsetappe vorliegenden hydrogeologischen Parameter, die prinzipiell bereits eine Berechnung der beim Aufschluß zu hebenden Wassermengen gestatten (s. u. a. SIEMON 1957, MILDE 1961b, MANHENKE 1969a), müssen in der C_1-Etappe auf eine dem Erkundungsgrad entsprechende Genauigkeit präzisiert werden (s. MILDE 1966b, S. 203f., vgl. auch 1968).

Die von MANHENKE (1969a) angegebene Berechnung des Zusammenhangs zwischen Grundwasserhaushalt, -förderung und -absenkung, die auf die Ermittlung der Entwässerungszeit ausgerichtet wurde und bereits im VEB Rationalisierung Braunkohle in die Programmierung einbezogen worden ist (freundliche Mitteilung von Dipl.-Ing. MILKOWSKI, s. auch MILKOWSKI 1966), kann so umprogrammiert werden, daß die Grundwasserbelastung des zukünftigen Tagebaus als unmittelbare Zielgröße berechnet wird (MANHENKE 1970a).

Da im Stadium der C_2- und C_1-Erkundung in Neuaufschlußgebieten allgemein noch keine Angaben über die Lage und Größe eines künftigen Tagebaus vorliegen, wird vorgeschlagen, die Berechnung in diesen Stadien auf eine Einheitsfigur von z. B. 1000 m Länge und 100 m Breite zu beziehen, wodurch einwandfreie relative Vergleichsmöglichkeiten für die Beurteilung der Grundwasserbelastung geschaffen werden können.

Um die Belastung des Tagebaus über die Ermittlung des natürlichen Grundwasserdargebots abschätzen und überhaupt die Grundwassereinzugsgebiete festlegen zu können, ist die Ausdehnung der hydrogeologischen Erkundungsarbeiten auf die weitere Feldesumgebung bis zu den sich bei der Entwässerung einstellenden Einzugsgebietsgrenzen erforderlich.

4. Bemerkungen zur Kartierung des Einzugsgebietes

Die Untersuchung der Grundwassereinzugsgebiete wird bei der montanhydrogeologischen Erkundung allgemein vernachlässigt. Besonders MILDE weist nachdrücklich auf die Bedeutung solcher großräumigen Untersuchungen hin. Er legt besonderen Wert auf die Ermittlung der vermutlichen mittleren Grundwasserabflußspenden im Einzugsgebiet als Grundlage von Grundwassermengenberechnungen (1966b, S. 202) und liefert methodische und regionale Forschungsergebnisse diesbezüglicher Spezialkartierungen (MILDE 1961a, 1966a, MILDE, DIETRICH & DULLIN 1969a u. b).

Im Anschluß an die Sucharbeiten bzw. das C_2-Erkundungsstadium (MILDE 1969) müssen im Rahmen von montanistischen Grundwasserprognosen hydrogeologische Grundvorstellungen von einem größeren hydrogeologisch zusammengehörenden Abbaugroßraum erarbeitet und dazu eine hydrogeologische Spezialkartierung durchgeführt werden (MILDE 1966a, 1967b).

Im Rahmen der Vorerkundung einzelner Braunkohlenlagerstätten sind solche Grundwasserprognosen und Kartierungen des Einzugsgebietes bei der gegenwärtigen Beauftragung und Finanzierung dieser Arbeiten durch den Bergbaubetrieb kaum möglich. Hier bieten sich die von MANHENKE (1970b, c) vorgeschlagene Beauftragung und Finanzierung an, wenn mehrere Interessenten an den Arbeitsergebnissen vorhanden sind und solche komplexen Erkundungs-, Untersuchungs- und Forschungsarbeiten ökonomisch sinnvoll im Rahmen und im Zusammenhang mit der speziellen Aufgabe durchgeführt werden können.

Im vorliegenden Fall sind die Organe der Wasserwirtschaft sowohl an den Ergebnissen der hydrogeologischen Spezialkartierung und Grundwasserprognose als auch an der Übernahme von Grundwasserbeobachtungspegeln etc. interessiert, und es wird z. Z. ein diesbezüglicher Erkundungs- und Forschungsauftrag als Beitrag zur systematischen Erfassung der Grundwasservorratsverhältnisse der DDR bearbeitet (s. MILDE & WEDER 1968, GLANDER 1968).

Für das Lagerstättengebiet selbst bilden die vorgelegten hydrogeologischen Karten ausgezeichnete Unterlagen für die örtliche und zentrale Wasserversorgung, wobei der Wert für die Wasserwirtschaft noch steigt, wenn vorläufig keine bergbauliche Nutzung erfolgt.

Die regionale Stellung der Grundwasserleiter des Vorratsfeldes Hatzfeld soll abschließend auf Grund von Erkundungs- und Untersuchungsergebnissen benachbarter Objekte und regionaler Bearbeitungen einzelner Horizonte (z. B. EISSMANN 1964, MANHENKE 1969b) kurz beschrieben werden.

Die hydrogeologischen Verhältnisse, insbesondere die Grundwasserfließrichtungen im Raum Hatzfeld, werden vor allem geprägt durch:

a) die Zugehörigkeit zu dem — auf Grund der vielfachen hydraulischen Verbindungen innerhalb und zwischen den pleistozänen und tertiären Grundwasserleitern, z. B. über pleistozänen Rinnensystemen — recht einheitlichen Grundwasservorkommen in den allgemein schwach nach N einfallenden Schichten des Känozoikums der nördlichen Leipziger Bucht (EISSMANN 1968), die generell nach N entwässert werden;

b) die Porphyraufragungen 2 km nördlich von Hatzfeld, wodurch die Verbreitung etc. der Grundwasserleiter begrenzt wird und die Grundwasserfließrichtung im Hatzfelder Raum nach NE abgelenkt wird;

c) die 4—7 km südlich von Hatzfeld fließende Weiße Elster, die die pleistozänen und tertiären Schichten bis unter den Gröberser Flözhorizont (s. MANHENKE 1969b) erodiert hat, dementsprechend den Vorfluter für die angeschnittenen Grundwasserleiter bildet und das Grundwasser etwa ab südlich von Hatzfeld nach W der Saale zuführt;

d) die bedeutenden Flußschotter des frühsaalekaltzeitlichen Saalelaufes, der die nach W aufragenden tertiären Schichten im Bereich des westlichen Feldesrandes gekappt hat und das Grundwasser hier westlich an den Porphyraufragungen vorbei nach N und NW führen dürfte.

Die Lagerstätte liegt im nordwestlichen Randbereich des weiträumig verbreiteten frühelsterkaltzeitlichen Saaleschotters G 1.3, der in einem mehr als 10 km breiten, sich in Hatzfeld ENE, generell aber von S nach N hinziehenden Flußlauf abgelagert wurde und der nach S — mit Unterbrechung im Bereich der Elsteraue — bis über Weißenfels hinaus und nach E bis Zschortau verfolgt werden konnte (EISSMANN 1964). Im E sind diese Schotter mit den frühsaalekaltzeitlichen Elster-Mulde-Schottern, die von südöstlich Leipzig bis westlich von Bitterfeld mit Mächtigkeiten bis über 10 m verbreitet sind, hydraulisch verbunden. Das Grundwasser fließt im G 1.3 nach NE, außerhalb der Lagerstätte dann insgesamt nach NNE bis N und schließlich über die Fuhne in die Mulde bzw. Saale.

Die Bitterfelder Glimmer- und Grünsande (EISSMANN 1968) des G 2.2 sind wie alle Tertiärschichten generell nach E bis ENE gekippt und bis über Delitzsch hinaus mit Mächtigkeiten um 20—40 m und nach E bis weit über die Mulde hinaus mit Mächtigkeiten um 25—35 m ausgebildet. Sie werden ab ca. 5 km östlich von Hatzfeld durch den Bitterfelder Flözhorizont und den Deckton von den pleistozänen Grundwasserleitern getrennt und bilden ein eigenes bedeutendes Grundwasserstockwerk, dessen Grundwasser z. B. von den Wasserwerken Delitzsch und künftig Prellheide (MORGENEYER 1969) genutzt wird.

Die Grundwasserfließrichtung ist bis Delitzsch nach NE gerichtet.

Die tertiären Feinsande des G 2.3.H erreichen nur im Hatzfelder Raum, durch die Einbeziehung des Zwischenmittels zwischen dem Hauptflöz Gröbers und der Oberbank, die sich im Vorratsfeld abspaltet, größere Mächtigkeiten. Die Sande keilen nach N an den Porphyraufragungen und im südlichen Feldesteil, wo der „Rupelschluff" unmittelbar dem Hauptflöz aufliegt, aus; am Westrand wurden sie erodiert, und nach E sind nur sehr geringmächtige Sande zwischen „Rupelschluff bzw. -ton" und Hauptflöz Gröbers ausgebildet. Ihre Grundwasserführung dürfte durch die hydraulischen Verbindungen an der Südwestecke mit dem G 1.3, an der Nordostecke mit dem G 1.3.R der Sietzscher Rinne und am Nordwestrand mit dem Saaleschotter des G 1.2 bestimmt werden.

Die Feinsande des G 2.3.K zwischen dem Hauptflöz Gröbers und dem Flöz Lochau keilen an der Schaarungslinie im Hatzfelder Raum aus bzw. gehen in den Grundwasserleiter G 2.3 über. Die Feinsande des G 2.3 sind nach NE bis über Delitzsch hinaus mit Mächtigkeiten um 16 m und nach E bis zur Linie Delitzsch—Leipzig mit Mächtigkeiten um 8—15 m, jedoch an einzelnen Prätertiäraufragungen auskeilend, verbreitet. Nach W, bereits am Feldesrand, und nach S bis zur Weißen Elster wird der in den G 2.3 eingelagerte Schluffhorizont zunehmend mächtiger und verdrängt schließlich die grundwasserführenden Feinsande.

Unmittelbar östlich von Hatzfeld nehmen die Mächtigkeiten der Stauhorizonte „Rupelschluff" und Flöz Gröbers stark ab bzw. werden in den pleistozänen Rinnenystemen erodiert, und es bestehen hydraulische Verbindungen zum Grundwasserleiter G 2.2 und damit auch zu den pleistozänen Flußschottern. Das Grundwasser ist wie in allen tertiären Leitern stark gespannt. Die Fließrichtung ist NE, im Raum Hatzfeld dann NNE gerichtet.

Die Liegendsande des G 2.5 von Flöz Bruckdorf sind nur in den Gebieten der Verbreitung dieses Flözes (s. PESTER 1967, MANHENKE 1969b) als getrennter Grundwasserleiter ausgebildet, der an den Auskeillinien der Hangendstauer Flöz Bruckdorf und Bruckdorfer Deckschluff sicherlich mit höher gelegenen Grundwasserstockwerken hydraulisch verbunden ist. Im Feld Hatzfeld setzt sich der G 2.5 unter den Randsenken der Bruckdorfer Flözverbreitung Gottenz—Bageritz und Werlitzsch—Wiedemar (s. MANHENKE 1969b) nach S fort, wird aber dort Altbohrungen zufolge häufig durch Schluffe und Tone verdrängt.

Im Hangenden werden die känozoischen Hauptgrundwasserleiter des gesamten Einzugsgebietes von recht mächtigen Geschiebemergelkomplexen bedeckt, im Liegenden durch die Kaolindecke des Prätertiärs hydrogeologisch abgeschlossen.

Zusammenfassung

Ausgehend von einer Spezialkartierung im Rahmen der Vorerkundung der Braunkohlenlagerstätte Hatzfeld östlich von Halle (Saale) werden die hydrogeologischen Verhältnisse der känozoischen Schichtenfolge in diesem Raum dargestellt.

Es werden Notwendigkeit und Möglichkeiten spezieller montanhydrogeologischer Erkundungsarbeiten bereits im C_2-Erkundungsstadium und deren insbesondere kartographische Auswertung dargelegt und Hinweise für die weitere Erkundung sowie die Kartierung des Einzugsgebietes gegeben.

Резюме

Исходя из специального картирования в рамках предварительной разведки месторождения бурых углей Хатцфельд восточнее г. Галле на р. Заале рассматриваются гидроге ологическиеусловия кайнозойских отложений этого района.

Указывается на необходимость и возможности проведения специальных горногидрогеологических разведочных работ уже на разведочной стадии C_2 и рассматривается в частности их картографическая интерпретация. Далее даются советы для дальнейшей разведки и картирования водосборной площади.

Summary

On the basis of a special map made during the preliminary exploration of Hatzfeld brown-coal deposit, east of Halle-on-the-Saale, a description is given of the hydrogeological conditions in the Cainozoic sequence of strata of this area.

The necessity and possibilities are discussed for special mining-hydrogeological exploratory works already in the C_2 stage of exploration, and in particular for their cartographical plotting, and informations are given on a further exploration and mapping of the catchment area.

Literatur

BEYER, W.: Zur Bestimmung der Wasserdurchlässigkeit von Kiesen und Sanden aus der Kornverteilungskurve. — Wasserwirtsch.-Wassertechn., 14, 6, 165—168, Berlin 1964.

EISSMANN, L.: Die frühelstereiszeitlichen und frühpleistozänen Schotterterrassen der Leipziger Tieflandsbucht und des angrenzenden Gebietes unter besonderer Berücksichtigung schotteranalytischer Untersuchungen. — Geologie, Beih. 46, Berlin 1964.

— Glaziäre Destruktionszonen (Rinnen, Becken) im Altmoränengebiet des Norddeutschen Tieflandes. — Geologie, 16, 7, 804—833, Berlin 1967.

— Überblick über die Entwicklung des Tertiärs in der Leipziger Tieflandsbucht (Nordwestsachsen). — Sächs. Heimatbl., 14, 1, 25—37, Radeberg 1968.

ENGERT, P.: Der prätertiäre Untergrund von Nordwestsachsen und seine Tektonik. — Ber. geol. Ges. DDR, 2, 165—176, Berlin 1957.

FITZNER, E., & J. ZIESCHANG: Hydrogeologische Übersichtskarte der Deutschen Demokratischen Republik 1:200000. Hydrochemische Karte, Chloride, M 33-I. — Hrsg. zentr. geol. Inst., Red. ZIESCHANG, Berlin 1963.

GEBHARDT, W.: Erfahrungen und Schlußfolgerungen aus einem Soledurchbruch im Tagebau Lochau. — Bergbautechnik, 16, 8, 400—404, Leipzig 1966.

GLANDER, H.: Beiträge zur gegenwärtigen Optimalvariante in der hydrogeologischen Spezialkartierung. — Z. angew. Geol., 14, 9, 459—465, Berlin 1968.

GLÄSSER, H.: Die Anforderungen der ZVK an die hydrogeologische Kennzeichnung von Braunkohlenlagerstätten. — Z. angew. Geol., 12, 5, 247—251, Berlin 1966.

HOHL, R.: Verlauf und Charakter einer Störung im Untergrund des Norddeutschen Flachlandes nach geologischen und geophysikalischen (gravimetrischen und geomagnetischen) Befunden. — Vortr. XXI. Internat. Geol.-Kongr., Kopenhagen 1960 (Sonderdr.).

HOHL, R., & H. MATSCHAK: Ursachen und Bedeutung des Schluffeinflusses auf die Abbaubedingungen im Großtagebau Böhlen. — Freiberger Forsch.-H., A 407, Leipzig 1967.

JACOB, H.: Betrachtung zur Genesis von Salzkohlen. — Braunkohle, Wärme Energie, 7, 353—361, Düsseldorf 1960.

KEGEL, K.: Bergmännische Wasserwirtschaft. — Bergb.- u. Aufbereitungstechnik, Bd. III, T. 1, Halle 1938.

KEILHACK, R.: Der Rabutzer Beckenton und das Alter seiner Hangendschichten in Beziehung zur Ausdehnung des letzten Inlandeises. — Z. dt. geol. Ges., 73, B, Mber., Nr. 12, 251—260, Berlin 1921.

LEHMANN, H.: Entstehung und Verbreitung der Salzkohlen. — Bergbau u. Energiewirtsch., 3, Berlin 1949.

MANHENKE, V.: Hydrogeologische Berechnungen. In: W. ZIEGENHARDT: Ergebnisbericht Braunkohlenerkundung Breitenfeld. — VEB Geol. Erkdg. Süd, Freiberg 1965/66 (unveröff.).

— Hydrogeologische Abschnitte. In: D. RZEPKA u. a.: Ergebnisbericht Braunkohlenerkundung Delitzsch-NW. — VEB Geol. Erkdg. Süd, Freiberg 1966 (unveröff.).

— Ergebnisbericht Braunkohlenerkundung Hatzfeld. — VEB Geol. Erkdg. Süd, Freiberg 1967 (unveröff.).

— Hydrogeologische Abschnitte. In: D. RZEPKA u. a.: Ergebnisbericht Braunkohlenerkundung Delitzsch-SW. — VEB Geol. Forsch. u. Erkdg., Freiberg 1968 (unveröff.).

— Zur Berechnung des Zusammenhangs zwischen Grundwasserhaushalt, -förderung und -absenkung mittels elektronischer Datenverarbeitung. — Z. angew. Geol., 15, 5, 258—264, Berlin 1969 [1969a].

— Das Tertiär von Hatzfeld. — Geologie, 18, 10, 1173—1189, Berlin 1969 [1969b].

— Zur Berechnung der Grundwasserbelastung künftiger Tagebauneuaufschlüsse im Stadium der Vorerkundung. — Z. angew. Geol. (im Druck) [1970a].

— Zur Prozeßanalyse der geologischen Erkundung und Untersuchung unter dem Aspekt ihrer ökonomischen Stimulierung. — Z. angew. Geol. (im Druck) [1970b].

— Zum Abrechnungsprinzip geologischer Arbeiten und den sich daraus ergebenden Möglichkeiten und Aufgaben zum Einsatz ökonomischer Stimuli. — Z. angew. Geol. (im Druck) [1970c].

MANHENKE, V., & R. GROSSE: Beitrag zur Kenntnis des Pleistozäns nordwestlich von Leipzig (Hatzfeld). — Geologie (im Druck) (1970).

MILDE, G.: Hydrogeologische Untersuchungen im Raum künftiger Braunkohlentagebaue der östlichen Mark Brandenburg und der Lausitz. — Freiberger Forsch.-H., C 96, Berlin 1961 [1961a].

— Erfahrungen bei der Anwendung hydrogeologischer Arbeitsmethoden in Neuaufschlußgebieten von Braunkohlentagebauen der Lausitz. — Z. dt. geol. Ges., 113, 191—215, Hannover 1961 [1961b].

— Die Hydrogeologie des östlichen Baruther Urstromtales. — Freiberger Forsch.-H., A 391, Leipzig 1966 [1966a].

— Aufgaben und Probleme der montanhydrogeologischen Erkundung im Braunkohlenbergbau der DDR. — Bergbautechnik, 16, 4, 200—210, Leipzig 1966 [1966b].

— Die Bedeutung der Liegendgrundwasserverhältnisse in der Lausitz für die gegenwärtige und zukünftige Nutzung der Braunkohlenlagerstätten. — Bergbautechnik, 17, 9, 467—473, Leipzig 1967 [1967a].

— Montanistische Grundwasserprognosen für den Braunkohlenbergbau der DDR — Notwendigkeit, Methoden, Aufgaben. — Freiberger Forsch.-H., A 402, 67—81, Leipzig 1967 [1967b].

— Die Beziehungen zwischen den lithologischen Eigenschaften von Lockersedimenten und der Bestimmungsgenauigkeit geohydrologischer Gesteinsparameter. — Freiberger Forsch.-H., A 431, Leipzig 1968.

— Methodische und regionale hydrogeologische Forschungen im Braunkohlenbergbau. — Freiberger Forsch.-H., C 241, 101—116, Leipzig 1969.

MILDE, G., P. DIETRICH & E. DULLIN: Die Verbreitung von Einheiten ähnlicher Versickerungsfreundlichkeit im Weiß-Elster-Becken. — Bergbautechnik, 19, 5, 244—249, Leipzig 1969 [1969a].

— Beiträge zur Erfassung des mittleren jährlichen Grundwasserdargebots im Weiß-Elster-Becken auf der Grundlage der Verbreitungskartierung von Einheiten ähnlicher Versickerungsfreundlichkeit. — Bergbautechnik, 19, 7, 343—347, Leipzig 1969 [1969b].

MILDE, G., & H.-J. WEDER: Prognostische Gedanken über die zukünftige Entwicklung auf dem Gebiet der Hydrogeologie in der Deutschen Demokratischen Republik. — Ber. dt. Ges. geol. Wiss., A, 14, 1, 57—63, Berlin 1968.

MILKOWSKI, M.: Eine Berechnungsmethode für Entwässerungsanlagen und deren Überprüfung in den Tagebauen „Burghammer" und „Glückauf". — Bergbautechnik, 16, 9, 463—468, Leipzig 1966.

MORGENEYER, W.: Ergebnisbericht Grundwassererkundung Prellheide 1968. — VEB Hydro Nordhausen, Torgau 1969 (unveröff.).

PESTER, L.: Übersicht über die Braunkohlenlagerstätten im Gebiet zwischen Halle, Leipzig und Bitterfeld. — Bergbautechnik, 17, 3, 113—120, Leipzig 1967.

RUSKE, R.: Das Pleistozän zwischen Halle (Saale), Bernburg und Dessau. — Geologie, 13, 5, 570—597, Berlin 1964.

SICHARDT, W.: Das Fassungsvermögen von Rohrbrunnen und seine Bedeutung für die Grundwasserabsenkung, insbesondere für größere Absenktiefen. — Berlin 1928.

SIEMON, H.: Berechnung von Grundwasserabsenkungen unter Berücksichtigung des Grundwasserhaushaltes. — Unveröff. Diss. techn. Hochsch., Aachen 1957.

ZIEGENHARDT, W., & H.-J. KRAMER: Der Einbau von Grundwasserbeobachtungspegeln in Spülkernbohrungen der Braunkohlenerkundung. Methodik und Auswertung erster Erfahrungen. — Z. angew. Geol., 12, 11, 589—594, Berlin 1966.

— Die Verteilung der Salzgehalte in den Braunkohlenflözen der Egelner Südmulde. Ein Beitrag zur Salzkohlengenese. — Z. angew. Geol., 13, 465—473, Berlin 1967.

PKB-Studie: Raum Mulde Süd, Lagerstättenkundliche Untersuchung der vorhandenen Kohlenfelder. — VEB PKB „Kohle", Leipzig 1963 (unveröff.).

Zeitschrift für angewandte Geologie, Bd. 16 (1970), Heft 2

Kontinuierliche seismische Präzisionsprofilierung

O. Leenhardt, Monaco

In den letzten zehn Jahren erlebten wir die Entwicklung der kontinuierlichen seismischen Profilierungsmethode ebenso wie die Erhöhung der Anzahl der dafür benötigten Apparaturen. Tatsächlich interessieren die Ergebnisse, die durch diese Methode gewonnen werden können, in hohem Maße den Geologen, aber auch den Akustiker und den Ingenieur. Die Ergebnisse sind schnell und leicht zu erhalten, ebenso leicht zu verstehen und zu interpretieren. Bereits heute sind einige zwanzig Laboratorien bzw. Gesellschaften in Europa für die Anwendung dieser Methode ausgerüstet. Da der Verfasser Gelegenheit hatte, den ersten Apparat für die kontinuierliche seismische Profilierung, der nach Europa geliefert wurde, zu nutzen und oft mit einem der Pioniere der Methode, dem Professor H. E. Edgerton, zusammenzuarbeiten, möchte er im folgenden die Entwicklungsgeschichte eines der verfügbaren Geräte, des „Boomer", kurz darstellen. Dabei soll gezeigt werden, wie die instrumentelle Entwicklung dazu geführt hat, den präzisesten Stoß für kontinuierlich seismische Profilierungen zu senden, und mit einigen Beispielen aus dem Mittelmeer und dessen lakustrischen Bereichen die Einsatzmöglichkeiten dieses Gerätes darzutun.

Grundsätzliche Bemerkungen

Es ist bekannt, daß elastische Wellen an elastischen Unstetigkeiten des Untergrundes reflektiert und gebrochen werden. Die seismische Reflexionsmethode in ihrer klassischen Form verwendet Sprengstoff als Mittel zur Anregung elastischer Wellen. Dieser Arbeitsprozeß ist schwierig, teuer und gefährlich.

Die Reihenfolge der Operationen, die hier kontinuierliche seismische Profilierung genannt werden soll, kann kurz wie folgt beschrieben werden: Von einem auf einem vorgegebenen Kurs (Profil) fahrenden Schiff werden im Wasser kurze elastische Stöße ausgesandt. Die vom Meeresgrund und von akustischen Diskontinuitäten des Untergrundes reflektierten Wellen werden empfangen, verstärkt, gefiltert und nach der Art eines Echolotes auf ein Papierband aufgenommen. Dieser Vorgang wiederholt sich mehrere Male pro Sekunde oder pro Minute (Abb. 1).

Es wird damit ein Profil des Meeresbodens und des Untergrundes gewonnen, in dem alle elastischen Unstetigkeiten aufgezeichnet sind. Dies Profil hat starke Ähnlichkeit mit einem klassischen geologischen Profil. Es unterscheidet sich von diesem dadurch, daß die horizontale Skala durch eine Längeneinheit gemessen wird, die vertikale aber durch Zeiteinheiten, nämlich die Ausbreitungszeit der Welle von der Quelle bis zum Reflektor und wieder zurück zum Empfänger, das heißt also die Zeit, welche der Schreibstift braucht, um über das Registrierpapier zu fahren. Um dieses Zeitprofil in ein Tiefenprofil umzuwandeln, muß die vertikale Ausbreitungsgeschwindigkeit der elastischen Wellen unter dem Meeresboden genau gemessen werden. Dieses Problem ist noch nicht exakt genug gelöst. Deshalb soll hier nicht davon gesprochen werden. Es soll nur bemerkt werden, daß man diese Laufzeiten näherungsweise in Längen transformieren kann, wenn man $v = 1500$ m/s in Wasser und in weichen Schlämmen, $v = 1750$ m/s in oberflächigen Sedimenten des kontinentalen Plateaus annimmt und höhere Geschwindigkeitswerte für Schichtenkomplexe tieferer geologischer Systeme, Werte wie sie ja von Messungen auf dem Lande bekannt geworden sind.

Das seismische Profil unterscheidet sich ferner vom geologischen durch die Deformation, die aus den Verhältnissen der vertikalen zur horizontalen Skala resultiert. Dieses Verhältnis hängt ab von der Geschwindigkeit des Schiffes, dem Frequenzgang des Sendesignals der Quelle und den Besonderheiten des Registriergerätes (Schreibers). Es unterscheidet sich ferner durch die Markierung der elastischen Diskontinuitäten im Profil — der Reflektoren —, nicht aber der exakten geologischen Grenzen zwischen den Schichten. Diese Reflektoren haben außerdem eine gewisse „Dichte", die von instrumentellen Kennwerten der benutzten Apparatur und ihrer Inbetriebsetzung abhängt. Und schließlich werden Brechungseffekte und laterale Reflexionen registriert, die daher rühren, daß die benutzte Quelle nicht einen einzigen Strahl abgibt, sondern sich

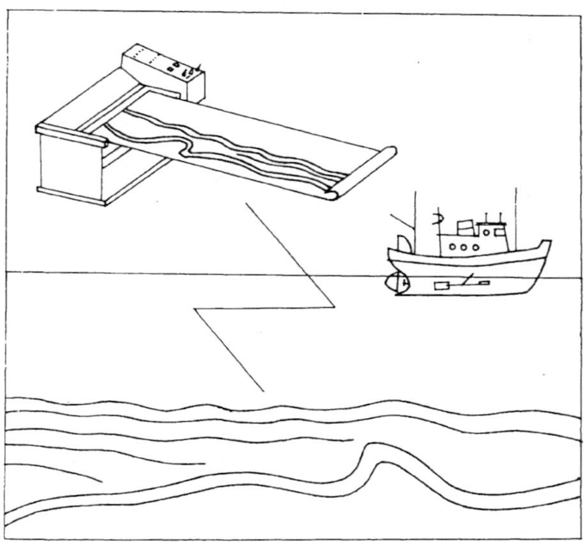

Abb. 1. Übereinstimmung zwischen Wirklichkeit und Registrierung bei der kontinuierlichen seismischen Sondierung

Eingang des Manuskripts in der Redaktion: 5. 6. 1969.

wie eine nach allen Seiten ausstrahlende pulsierende Kugel verhält.

Die benutzte Apparatur besteht aus drei Teilen: dem Sender, charakterisiert durch seine Energie und seine Stoßdauer (LEENHARDT 1967), dem Empfänger, bei dem man die Position, die Bündelung, die Empfindlichkeit und die hydrodynamischen Kennwerte festlegt (LEENHARDT 1968), dem Registriergerät (Schreiber), welches die seismischen Wellen in Form kleiner, mehr oder weniger dunkler und mehr oder weniger langer Striche aufzeichnet. Der Schreiber an sich bietet wohl nur technische Probleme von geringerem wissenschaftlichem Interesse, jedoch solche von großer praktischer Bedeutung in bezug auf die Klarheit der Aufnahmen. Man wird versuchen, einen empfindlichen, anpassungsfähigen Apparat zu verwenden, der aber nicht die Verzerrungen überbetont, die aus dem Verhältnis der vertikalen und horizontalen Skalen resultieren. Man wird demnach einer Apparatur mit einem ziemlich schnellen Registrierpapiervorschub den Vorzug geben (LEENHARDT 1966). Für alle genauen Untersuchungen braucht man eine gute Auflösung, d. h. eine dünne bzw. scharfe Aufzeichnung des Reflektors auf dem Schreiber.

Für alle exakten Untersuchungen, die eine stratigraphische Serie dünner Schichten abbilden oder geringe Schichtneigungen erkennen lassen sollen bzw. lediglich der Korrelation an Hand von Bohrkernen dienen, benötigt man ein gutes Auflösungsvermögen, d. h. eine feine Markierung eines Reflektors auf der Aufnahme. Auflösungsvermögen nennt der Verfasser die Härte der Reflexion des seismischen Signals auf einem einzigen Reflektor und einem möglichst harten, beispielsweise felsigen Untergrund. Dieses Kriterium ist

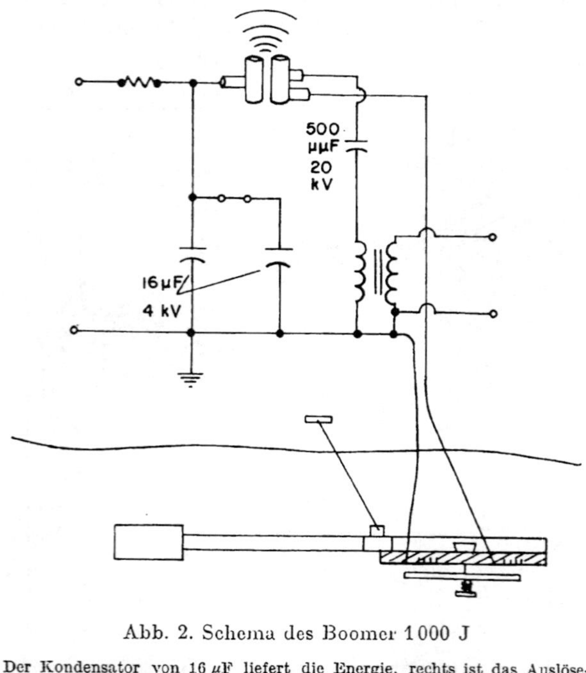

Abb. 2. Schema des Boomer 1000 J

Der Kondensator von 16 μF liefert die Energie, rechts ist das Auslösesystem, das durch das Registriersystem (den Schreiber) gesteuert wird. Unten: „der Fisch", die Platte ist hier durch eine Feder gegen die Spule gepreßt (nach E. G. & G).

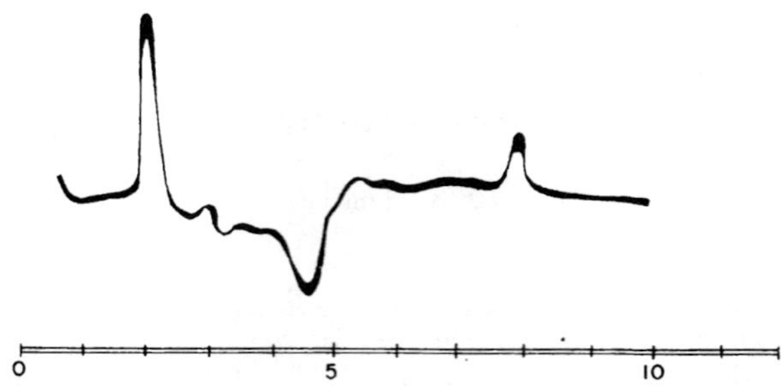

Abb. 3. Oszillogramm eines Stoßes des Boomer 1000 J

Links befindet sich die Spitze aus der Auslenkung der Platte. Die Zeitskala ist in Millisekunden geteilt; Registrierung von EDGERTON.

universal, indem es Vergleiche zwischen den Instrumenten erlaubt, ohne daß lokale geologische Bedingungen beim Erlangen des besten Auflösungsvermögens Einfluß besitzen. Das so definierte Auflösungsvermögen ist effektiv oft besser als dasjenige, welches als Kriterium das Auseinanderhalten von zwei engbenachbarten Schichten auf der Aufnahme benutzt. Es ist jedoch augenfällig, daß dieser kleinste Abstand jeweils vom Ort abhängt, an dem er gemessen wurde.

Darüber hinaus wird jedoch auch eine größere Tiefenreichweite angestrebt. Die Eindringtiefe ist eine direkte Funktion der bei jedem Stoß ausgesandten Energie, folglich der Dauer des Stoßes, und eine inverse Funktion (in erster Näherung) der Stoßfrequenz. Man erkennt auch sofort das Dilemma der kontinuierlichen seismischen Profilierung: Man kann nicht gleichzeitig eine große Eindringtiefe (E) und ein gutes Auflösungsvermögen (A) haben. In der Praxis haben die gängigen Geräte ein Verhältnis $E:A$ zwischen 20 und 60. Mit dem „Boomer", von dessen Auflösungsvermögen später gesprochen werden soll, kann man ungefähr ein Verhältnis von 100 erreichen.

Diese ziemlich abstrakten Überlegungen bestimmten wohl schwerlich die Bestrebungen der Erfinder der ersten Geräte für die kontinuierliche seismische Profilierung. Diese suchten zunächst eine möglichst große Eindringtiefe zu erreichen, um mit den Sprengstoff verwendenden Apparaturen konkurrieren zu können. Sie sind jedoch jetzt auch damit vorangekommen, und der Fortschritt der Instrumente liegt nunmehr in der Erreichung eines besseren Auflösungsvermögens. Das Beispiel des „Boomer" von EDGERTON erlaubt es, diesen Fortschritt aufzuzeigen.

Die Entwicklungsgeschichte des „Boomer" von Edgerton

1. Das Prinzip der Wirkungsweise

Die Entladung einer Batterie von Kondensatoren in einer flachen Spule induziert in einer Metallplatte, die auf die Spule gepreßt wird, FOUCAULTsche Ströme, welche die Platte heftig von der Spule abstoßen (Abb. 2). Die Nutzleistung des „Boomer" vergrößert sich mit dem Radius der Windungen. Sie nimmt schnell mit dem hydrostatischen Druck ab.

2. Der „Boomer" 1000 J: ein sehr verbreitetes Gerät

Die erste Ausführung desselben stammt von EDGERTON und war der „Boomer 1000 J".

Die Spule hat eine einzige Wicklung aus Kupferdrahtwindungen von maximal etwa 230 mm Radius und 4 mm Querschnitt. Die Windungen sind in Epoxydharz, das mit Sand angereichert ist, eingebettet und mit Glasfasern armiert. Die Platte ist eine Aluminiumscheibe von 5 mm Dicke und 400 mm Durchmesser. Sie ist auf der Spule befestigt. Sie wird vermittels einer Feder gegen diese gepreßt, die einen Spielraum der Platte von ungefähr 2 cm zuläßt. Die Impulsdauer ist 0,5 ms (Abb. 3).

Die Kondensatorenbatterie setzt sich zusammen aus 10 Kapazitäten von 16 μF, geladen mittels einer Nominalspannung von 4000 V.

Die resultierende Energie beträgt

$$E = \frac{1}{2} CV^2 = 1200\,\mathrm{J}$$

jedoch variiert die Nutzspannung zwischen 3,3 und 3,6 kV. Die Leistung ist also ungefähr:

$$p = \frac{E}{t} = 2 \cdot 10^6\,\mathrm{W}$$

und die Stromstärke bewegt sich in der Größenordnung von

$$I = \frac{P}{V} = 500\,\mathrm{A}$$

Abb. 4. „Fisch" des Boomer 5000 J

Zwischen den beiden Aluminiumscheiben ist die große Spule befestigt; am Anfang des Schwengels die Gegengewichte.

Abb. 5. Platte des Boomer 300 J

Die quadratische Platte ist an der Spule an ihren vier Ecken befestigt. Die Korrosion zerstört nach und nach die Platte des Boomer.

Der Sender ist auf einem „Fisch" befestigt, dessen Tauchtiefe gering bleiben soll. Um die Reflexionen an der Wasseroberfläche zu unterdrücken, setzte BOWERS (1963) den Boomer auf den Boden eines Schlauchboots.

3. Die großen „Boomer": Fehlschlag auf dem Wege zur Krafterhöhung

1962 experimentierte EDGERSON auf der „Calypso" mit einem Boomer 13000 J (EDGERTON & LEENHARDT 1963). Die Spule ist viel größer (Durchmesser 470 mm) als die des Boomer 1000 J und mit doppelter Wicklung — er empfängt die Entladung von 2080 μF bei 3,6 kV —, aber die Isolierung der Spule ist ganz beträchtlichen Beanspruchungen ausgesetzt, und ihre Lebensdauer ist gering. Andererseits werden die Platten, die gemäß der Abb. 4 befestigt sind, durch Korrosion sehr stark angegriffen. Man beschloß daher, die Energie pro Spule auf 5000 J zu begrenzen. Das führte dazu, große „Fische" zu entwickeln, die drei Spulen zu tragen in der Lage sind. Damit wurde im Jahre 1964 das erste Profil der Struktur A im westlichen Mittelmeer vermessen (ALINAT et al. 1966). Diese „Fische" können nur bei schönem Wetter zu Wasser gelassen werden; eine einzige Sendetätigkeit außerhalb des Wassers zersprengt sie. Kurz gesagt, der „Sparker" bringt bei der Arbeit im Meer größere Vorteile, und der große Boomer ist praktisch seit 1964 nicht mehr in Anwendung.

4. Der Präzisionsboomer: beste Auflösung

Die Feinheit der Impulse, die der Boomer aussendet, veranlaßte EDGERTON, seine Erfindung nicht aufzugeben. Er reduzierte die Kapazität auf 48 μF, die Energie des Gerätes fiel auf 300 J. Er veränderte die Befestigung der Platte auf der Spule. Die rechteckige Platte ist jetzt fest an den vier Extremitäten der Spule angeschraubt, und dies erlaubt der Platte, allein durch

Abb. 6. „Fisch" des Boomer 300 J

Dieser „Fisch" war mehrere Jahre in Betrieb. Er befindet sich in Umarbeitung, um die Arbeitsgeschwindigkeit zu erhöhen.

Deformation an sich zu arbeiten (Abb. 5). Der ausgesandte Stoß ist verkürzt und die Frequenz erhöht. Seine Inbetriebsetzung verlangt Präzision; der Boomer ist auf einem Holzblock befestigt, der auf dem Wasser schwimmt. Er arbeitet sehr nahe an der Wasseroberfläche, und Sondierungen sind nur bei gutem Wetter möglich (Abb. 6).

Beispiele für die Anwendung

Es ist notwendig, den Boomer mit einem sehr kurzen oder „punktförmigen" Hydrophon zu verwenden, das sehr nahe am Schiff angebracht wird (LEENHARDT 1969), und ein Registriergerät mit großem Papiervorschub, um die hohe Auflösungsfähigkeit ausnutzen zu können.

Der Verfasser und Mitarbeiter haben mit dem Boomer 13000 J nur schlechte Resultate erhalten, weil unsere Hydrophone damals unvollkommen waren. Der Boomer 1000 J dagegen, mit einem Hydrophon mit variabler Reluktanz (H. S. MP-4) erlaubte uns, die Tiefenstruktur des Genfer Sees zu erkunden, ein altes Bett der Rhône herauszufinden, das nicht an Lausanne vorbeigeht, sondern weiter östlich liegt. Weiterhin konnte nachgewiesen werden, daß die tertiäre Molasse, die den Untergrund des Sees bildet, durch tektonische Einwirkung nach ihrer Ablagerung deformiert worden ist (SERRUYA, LEENHARDT & LOMBARD 1966).

Mit dem Boomer 300 J haben wir zwei Seengebiete im Litoral des Mittelmeeres untersucht und für die Geologen ganz unerwartete Ergebnisse bekommen (CHASSEFIERE, LEENHARDT & ROUX 1968). Profile auf dem Kontinentalplateau des Golfe du Lion ergaben Schrägschichtungen in rezenten Sedimenten und eine größere Diskordanz, die vermutlich mit der Basis des Quartärs zusammenfällt.

Die Eindringtiefe, die erreicht wurde, kann 100 m betragen bei etwa 100 m Wassertiefe. Das zeigt ein Profil, das im Süden von Marseille vermessen wurde, in dem die Erosionsoberfläche mesozoischer Kalke unter seiner Bedeckung von Pliozän—Quartär festgestellt wurde (LEENHARDT 1969).

Die interessanteste Entdeckung mit dem Boomer 300 J ist aber zweifellos die der besonderen Morphologie am Rande des Kontinentalplateaus. Am Ende des Schelfs vor Monaco und längs der Küste vor Marseille liegen geneigte Schichten dort, wo die Hangneigungen sich plötzlich ändern, in subhorizontalen Niveaus und

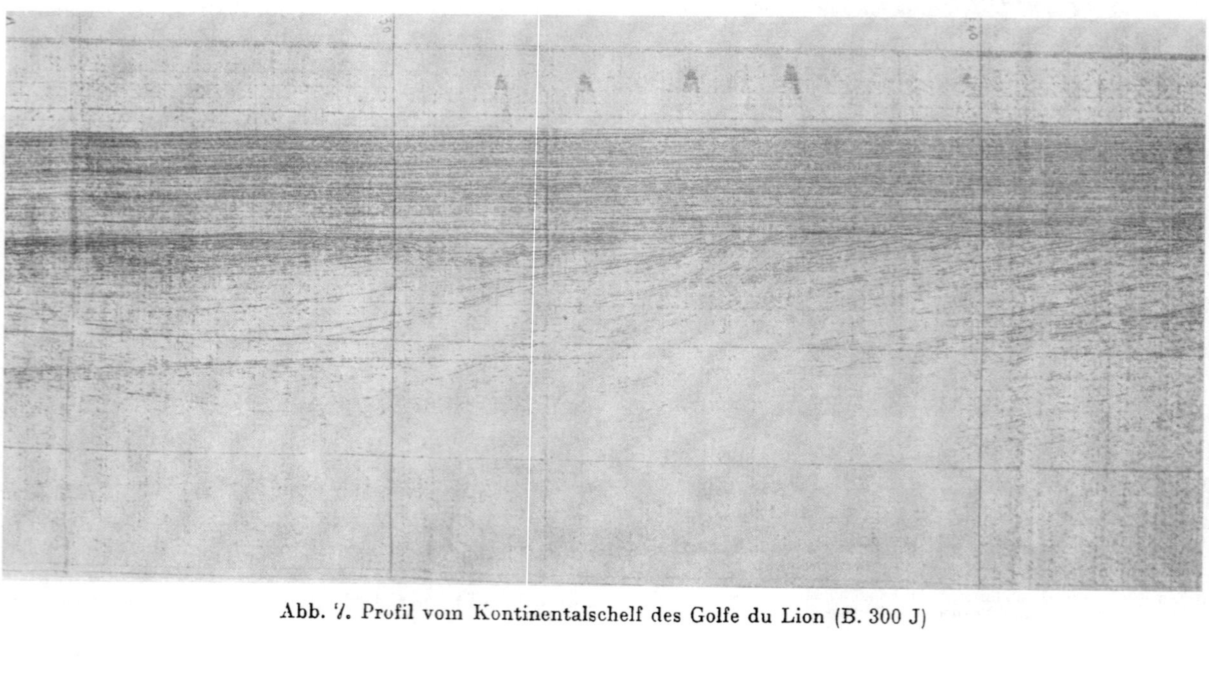

Abb. 7. Profil vom Kontinentalschelf des Golfe du Lion (B. 300 J)

Abb. 8. Profil vor Monaco auf der Länge von Marseille

bilden die Form eines Knies (knee-line). Es handelt sich hier um ein Sedimentationsphänomen, das künftige Untersuchungen aufklären werden (EDGERTON & LEENHARDT 1966) (Abb. 8).

Zusammenfassung

Wenn auch die Inbetriebsetzung des Präzisions-„Boomer" schwierig ist, gibt er doch Informationen, die mit keinem anderen seismischen Sondierungsgerät mit gleicher Genauigkeit erhalten werden können. Deshalb wird seine Verwendung für alle Probleme der Kleintektonik und der rezenten Sedimentologie empfohlen.

Résumé

Si la mise en oeuvre du boomer de précision est délicate, il donne des informations qu'aucun autre engin de sondage sismique ne peut révéler avec la même précision. C'est pourquoi son emploi est recommandé dans tous les problèmes de tectonique fine ou de sédimentologie récente.

Резюме

Хотя ввод в эксплуатацию прецизионного „Bomer" наталкивается на трудности, с его помощью, однако, можно получить сведения, точность которых не достигается другим прибором для сейсмического зондирования. Поэтому рекомендуется его применение для решения всех проблем микротектоники и современной седиментологии.

Summary

Although there are difficulties when putting into service the precision "boomer", it furnishes informations which cannot be obtained with the same accuracy by any other seismic probe. Its use is therefore recommended for all problems of microtectonics and recent sedimentology.

Literatur

BOWERS, R.: Modern methods of sub-bottom profiling using sonic reflection techniques. – Sci. Progr. (G. B.), 51, Nr. 201, S. 80–84 (1963).

CHASSEFIERE, B., O. LEENHARDT & M. R. ROUX: Sondage sismique continu dans les étangs de Beue et de Thau. – Rapp. Comm. int. mer Médit. (1968).

EDGERTON, H. E.: The boomer sonar for seismic profiling. – Amer. Geophys. Union Trans., 44, Nr. 1, S. 69 (1963) (résumé).

EDGERTON, H. E., & O. LEENHARDT: Expériences de sondage élastique du fond de la mer. – Rapp. Comm. int. mer Médit., 17, Nr. 3, S. 975–984 (1963).

– Monaco – the shallow continental shelf. – Science, 152, Nr. 3725, S. 1106–1107 (1966).

LEENHARDT, O.: Suggestions pour le sondage des fonds de vase fluide. – Rev. hydrogr. int., 43, 1, S. 63–72 (1966).

– Topics on seismic research at the Monaco Oceanographic Museum. – Geophys. prospect, XV (3), S. 516–526 (1967).

– Choix des récepteurs pour le sondage sismique continu. – Coll. int. C. N. R. S. Villefranche-sur-Mer (1968).

– Analysis of continuous seismic profiles. – Int. hydrogr. Rev., 46, Nr. 1, 51–80 (1969).

– Sondages sismiques continus en Méditerranée occidentale. Enregistrement – Analyse – Interprétation. – Thèse Sci. appli. Paris (in Vorbereitung).

SERRUYA, C., O. LEENHARDT & A. LOMBARD: Etude géologique du Lac Léman par sondage sismique continu. – Archives des Sciences, 19, (2), S. 179–196 (1966).

Zur experimentellen Bestimmung des Schubmoduls aus vibratorseismischen Messungen in situ

(Sektion Geowissenschaften der Bergakademie Freiberg, Lehrstuhl für Erkundungsgeophysik und Lehrstuhl für Ingenieur- und Montangeophysik, Sektionsveröffentlichung Nr. 84)

ROLF RÖSLER & ROLF STOLL, Freiberg (Sa.)

Einleitung

Es werden immer häufiger von Ingenieurgeologen, Projektanten u. a. Forderungen bezüglich der Angaben exakter Werte über die Struktur und die gesteinsphysikalischen Kennwerte des Baugrundes an den Geophysiker gestellt. Diese Forderungen ergeben sich aus der Tatsache, daß die zu erkundende Baugrundfläche ständig größer, die Beanspruchung des Baugrundes höher und Bauvorhaben unter ständig komplizierter werdenden geologischen Bedingungen ausgeführt werden müssen. Von der Angewandten Geophysik, speziell der Geophysik im Ingenieurbau, kann zur Erfüllung dieser Forderungen folgender Beitrag geleistet werden:

1. räumliche Erfassung der Inhomogenitätsbereiche und Angabe von quantifizierbaren Kenngrößen der wesentlichen Ursachen der Inhomogenität (z. B. Klüftigkeit, Schieferung);

2. Angabe von direkten und indirekten Zusammenhängen zwischen geophysikalisch bestimmbaren und bautechnisch technologischen bzw. geomechanisch interessierenden Parametern.

Von der Geophysik im Ingenieurbau wurden die Hammerschlagseismik (MEISSER, MILITZER & THON 1964, OELSNER 1965), die Vibratorseismik (STOLL 1967), die radiometrischen Bohrlochmeßverfahren (WENDT 1964), das Eigenpotentialverfahren (MILITZER 1953), die Widerstandskartierung und -sondierung (FRITSCH 1960), das hydraulische Druckpatronenverfahren (MILITZER, ROTTER, STOLL & THON 1968) u. a. für die Baugrunduntersuchung mit Erfolg eingesetzt.

Wertvolle Angaben konnten aus der Laufzeit longitudinaler und transversaler Wellen beispielsweise über die Klüftigkeit, den Elastizitätsmodul (dynamisch), die Struktur u. a. des Baugrundes erhalten werden. In den letzten Jahren wurden diese Informationen durch Verfahren ergänzt, die außer der Laufzeit eine Auswertung einer frequenzabhängigen Amplitude und Phasengeschwindigkeit von elastischen Wellen ermöglichten. In diesem Beitrag soll die Bestimmung einer weiteren Kenngröße — des Schubmoduls — zur Diskussion gestellt werden.

Theoretische Grundlagen

Im allgemeinen wird das lineare ideal-elastische Materialverhalten dem Ausbreitungsvorgang elastischer Wellen zugrunde gelegt, was durch das HOOKEsche Gesetz beschrieben wird:

$$S_{ik} = \lambda \delta_{ik} D_{ll} + 2\mu D_{ik} \qquad (1)$$

Eingang des Manuskripts in der Redaktion: 15. 10. 1969.

mit

S_{ik} — Spannungstensor,
D_{ik} — Deformationstensor.

$$D_{ik} = \frac{1}{2}\left(\frac{\partial u_i}{\partial x_k} + \frac{\partial u_k}{\partial x_i}\right)$$

u_i — Verschiebungsvektor,
δ_{ik} — KRONECKER-Symbol,
λ, μ — LAMÉsche Konstanten,

wobei für doppelt auftretende Indizes die Summationsvereinbarung gelten soll:

$$D_{ll} = D_{11} + D_{22} + D_{33}$$

Es spricht eine Reihe experimenteller Ergebnisse dafür, daß das elastische Verhalten zahlreicher Stoffe und der Gesteine durch angegebene Elastizitätsgesetze (1) nicht ausreichend beschrieben wird.

Eine bessere Darstellung des Materialverhaltens wird durch die Viskoelastizität (bzw. durch die elastischen Nachwirkungen) erreicht.

Man kann dazu das von NAKAMURA (1949) vorgeschlagene Elastizitätsgesetz verwenden, das sich durch die geeignete Wahl der darin auftretenden Konstanten leicht für verschiedene viskoelastische Modellkörper (z. B. MAXWELL, VOIGT usw.) spezialisieren läßt:

$$\left(a + \beta \frac{\partial}{\partial t}\right) S_{ik} = \delta_{ik} \left((\lambda' + \lambda \frac{\partial}{\partial t}\right) D_{ll} + 2\left(\mu' + \mu \frac{\partial}{\partial t}\right) D_{ik}$$

Wählt man $\beta = 1$ und betrachtet sehr schnelle zeitliche Änderungen, so geht dieses Gesetz in das HOOKEsche Gesetz über.

Die Bewegungsgleichung des elastischen Kontinuums lautet für kleine Verschiebungen:

$$\varrho \frac{\partial^2}{\partial t^2} u_i = \frac{\partial}{\partial x_k} S_{ik}$$

Nach einigen Umformungen erhalten wir daraus für Transversalwellen folgende Differentialgleichung:

$$\varrho \left(a + \beta \frac{\partial}{\partial t}\right) \frac{\partial^2}{\partial t^2} u_i = \left[\mu' + \mu \cdot \frac{\partial}{\partial t}\right] \Delta u_i$$

Für eine in x-Richtung laufende ebene Welle erhält man mit $u_1 = u_2 = 0$, $u_3 = F(x, t)$

$$\varrho\left(a + \beta\frac{\partial}{\partial t}\right)\frac{\partial^2 F}{\partial t^2} = \left[\mu' + \mu\frac{\partial}{\partial t}\right]\frac{\partial^2 F}{\partial x^2} \qquad (2)$$

Mit Hilfe der FOURIER-Transformation

$$f(x, \omega) = \int_{-\infty}^{+\infty} e^{j\omega t} F(x, t)\, dt$$

kann das komplexe Spektrum $f(x, \omega)$ des Signals $F(x, t)$ dargestellt werden, und es gilt die Umkehrtransformation

$$F(x, t) = \frac{1}{2\pi}\int_{-\infty}^{+\infty} e^{-j\omega t} f(x, \omega)\, dt$$

Ferner gilt:

$$\frac{\partial F}{\partial t} = -\frac{j}{2\pi}\int_{-\infty}^{+\infty} e^{-j\omega t} f(x, \omega)\, d\omega$$

$$\frac{\partial F}{\partial x} = \frac{1}{2\pi}\int_{-\infty}^{+\infty} e^{-j\omega t}\frac{\partial f(x, \omega)}{\partial x}\, d\omega$$

usw.

Ersetzt man in der Differentialgleichung (2) $F(x, t)$ durch diese Ausdrücke, so ergibt sich

$$\frac{1}{2\pi}\int_{-\infty}^{+\infty}\left[\varrho(-a\omega^2 + j\omega^3\beta)f - (\mu' - j\omega\mu)\frac{d^2 f}{dx^2}\right] d\omega$$

und man erhält eine gewöhnliche Differentialgleichung für $f(x, \omega)$:

$$(\mu' - j\omega\mu)\frac{d^2 f(x)}{dx^2} + \varrho(a - j\omega\beta)\omega^2 f(x) = 0$$

Bezeichnet man mit

$$v^*(\omega) = \left[\frac{j\omega\mu - \mu'}{\varrho(j\omega\beta - a)}\right]^{\frac{1}{2}}$$

die komplexe Phasengeschwindigkeit und ist $Re(v^*) > 0$, so ergibt sich:

$$\frac{d^2 f(x)}{dx^2} + \left(\frac{\omega}{v^*(\omega)}\right)^2 f(x) = 0$$

Die allgemeine Lösung dieser Differentialgleichung lautet:

$$f(x, \omega) = A e^{\frac{j\omega x}{v^*(\omega)}} + B e^{-\frac{j\omega x}{v^*(\omega)}}$$

Betrachten wir ein sich in Richtung der $+x$-Achse ausbreitendes Signal, dann gilt:

$$B = 0$$

und

$$f(x, \omega) = A(\omega)\, e^{\frac{j\omega x}{v^*(\omega)}}$$

Für die Phasengeschwindigkeit harmonischer elastischer Wellen kann nach LANGE geschrieben werden:

$$V_{Ph} = \frac{d\omega}{d\varphi}\, x = \sqrt{\frac{\mu^*}{\varrho}} \qquad (3)$$

wobei φ die Phasendifferenz zwischen zwei Punkten mit dem Abstand x in Ausbreitungsrichtung und μ^* einen reellen, frequenzabhängigen Schubmodul bedeuten. Aus

$$\varphi(\omega) = Re\left[\frac{\omega x}{v^*(\omega)}\right] = \frac{\omega x}{|v^*(\omega)|^2} Re[v^*(\omega)]$$

erhält man nach einigen Umformungen mit

$$W(\omega) = \left[\frac{\omega^2\mu\beta + a\mu'}{\omega^2\mu^2 + \mu'^2} + \left[\frac{a^2 + \omega^2\beta^2}{\mu'^2 + \omega^2\mu^2}\right]^{\frac{1}{2}}\right]^{\frac{1}{2}}$$

für die Phase

$$\varphi(\omega) = \omega x\sqrt{\frac{\varrho}{2}}\, W(\omega)$$

und

$$\frac{d\varphi}{d\omega} = x\sqrt{\frac{\varrho}{2}}\left\{W(\omega) + \omega\frac{dW(\omega)}{d\omega}\right\}$$

Somit erhält man für den Schubmodul

$$\mu^*(\omega) = \frac{2}{\left[W(\omega) + \frac{dW(\omega)}{d\omega}\right]^2}$$

Für den Fall statischer Belastung $\omega = 0$ erhält man:

$$\mu^*(0) = \sqrt{\frac{\mu'}{a}}$$

und bei sehr hohen Frequenzen $\omega \to \infty$ gilt mit $\omega\beta \gg a$ und $\omega\mu \gg \mu'$

$$\mu^*(\infty) = \frac{\mu}{\beta}$$

in Übereinstimmung mit Ergebnissen anderer Veröffentlichungen (RÖSLER 1958), wenn für das Stoffgesetz von NAKAMURA $\beta = 1$ gesetzt wird.

Experimentelle Ergebnisse

Zur Messung der Phasenverschiebung wurde eine vibratorseismische Apparatur benutzt, wie sie beispielsweise in MILITZER & STOLL (1968) oder STOLL (1967) beschrieben wurde.

Ein Vibrator, der durch einen RC-Generator über einen Leistungsverstärker gesteuert wurde, sendete sinusförmige Signale in das Gestein ab. Das von zwei

Geophonen, die in verschiedenen radialen Entfernungen vom Vibrator auf einer Geraden angeordnet wurden, aufgenommene Signal wurde über einen Meßverstärker mit einem Zweistrahloszillographen photographisch registriert. Durch diskontinuierliche Änderung der Frequenz im Bereich von ca. 0,5—8,0 kHz erfolgte die Ermittlung der Phasenverschiebung in Abhängigkeit von der Frequenz. Aus dem Signalverhältnis erhält man eine Aussage über das frequenzabhängige Absorptionsverhalten des Gesteins.

Den Absorptionskoeffizienten von Phyllit (Erzgebirge) in Abhängigkeit von der Frequenz zeigt Abb. 1. Die Amplitudenunabhängigkeit des Absorptionskoeffizienten wurde experimentell nachgewiesen (MILITZER & STOLL 1968).

Das Ergebnis der Phasenmessung für Phyllit (Erzgebirge) ist in Abb. 2 dargestellt. Die nach Formel (3) berechneten Phasenausbreitungsgeschwindigkeiten sind in Abb. 3 zu sehen. Abb. 3 zeigt, daß bei Frequenzen von 0,5 bis 4—5 kHz eine frequenzunabhängige Ausbreitungsgeschwindigkeit erhalten wurde.

Zur Identifizierung der Phasenausbreitungsgeschwindigkeiten wurden an jedem Meßpunkt hammerschlagseismische Messungen durchgeführt und mit den frequenzunabhängigen Phasenausbreitungsgeschwindigkeiten verglichen (s. Tab.).

Zur Tabelle kann festgestellt werden:

1. Der Vergleich ergab eine gute Übereinstimmung. Somit kann angenommen werden, daß die frequenzunabhängigen Phasenausbreitungsgeschwindigkeiten mit den Ausbreitungsgeschwindigkeiten transversaler Wellen identisch sind.

Es ist jedoch zu bemerken, daß die Ausbreitungsgeschwindigkeit v_R von RAYLEIGH-Wellen für den homogenen, isotropen Halbraum ($\lambda = \mu$) mit

$$v_R \approx 0{,}919\, v_T$$

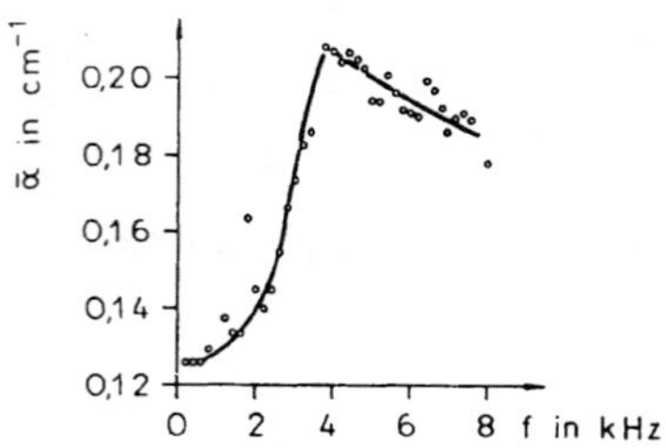

Abb. 1. Absorptionskoeffizient für Phyllit (Erzgebirge) in Abhängigkeit von der Frequenz

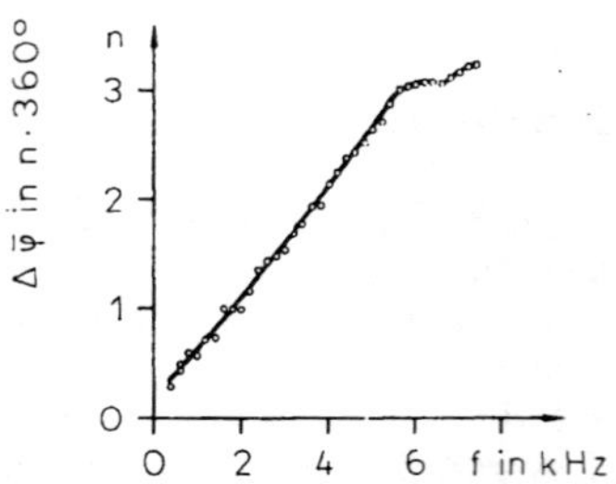

Abb. 2. Phasenspektrum für Phyllit (Erzgebirge)

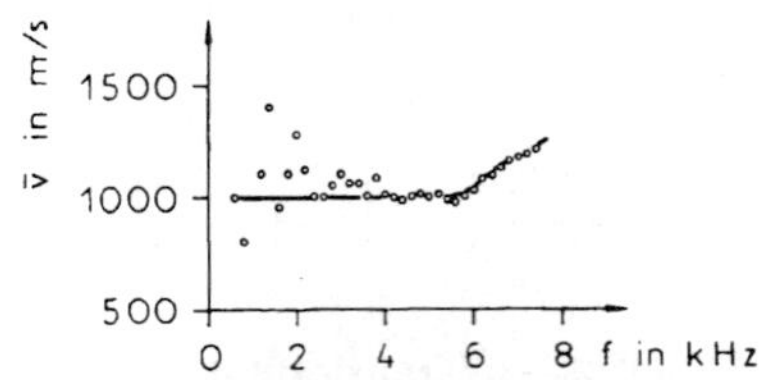

Abb. 3. Phasenausbreitungsgeschwindigkeit für Phyllit (Erzgebirge)

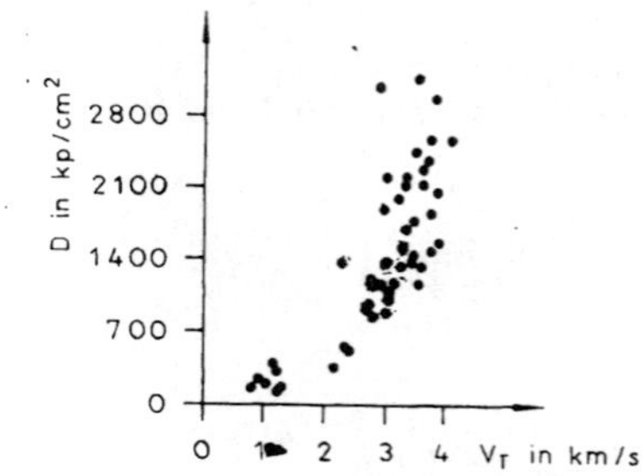

Abb. 4. Druckfestigkeit als Funktion der Transversalwellengeschwindigkeit
(umgezeichnet nach D'ANDREA, FISCHER u. a. 1964)

Tabelle. Vergleich zwischen Phasenausbreitungsgeschwindigkeiten v_{Ph} und hammerschlagseismisch ermittelten Transversalwellengeschwindigkeiten v_T an verschiedenen Meßpunkten (MP); Schubmodul

Gestein	v_{Ph} m/s	v_T m/s	μ^* 10^5 kp/cm²	MP
Kalkstein				
Richtung 1	2300	2300	1,57	Oberfläche
2	3600	3160	3,83	Oberfläche
3	2780	2600	2,28	Bohrloch
Phyllit				
Richtung 1	1090	1130	0,35	Oberfläche
2	875	830	0,226	Oberfläche
Grauwacke (stark zerklüftet)	345	—	0,288	Oberfläche

in der Nähe dieses Wertes liegt. Die Phasenausbreitungsgeschwindigkeiten konnten mit einem Fehler von 10% bestimmt werden, so daß ein maximaler Fehler von 20% möglich ist.

2. Nach Formel (3) und der Dichte für Kalkstein bzw. Phyllit von 2,9 g/cm³ und für Grauwacke von 2,68 g/cm³ wurden Schubmoduln berechnet (s. Tab., Spalte 4). Für metamorphen Kalkstein werden im Handbuch der Geophysik, Bd. 4: Seismik, 2,22 · 10^5 kp/cm² angegeben.

3. Unter der Annahme, daß die POISSONsche Konstante für eine Vielzahl von Festgesteinen ca. 0,25 ist, kann aus dem Schubmodul der Elastizitätsmodul nach $E = 2{,}5\,\mu^*$ abgeschätzt werden.

4. Der erhaltene Schubmodul ist im Frequenzbereich von 0,5—4,5 kHz konstant. Eine Extrapolation auf den statischen Schubmodul bei $\omega \to 0$ ist aus dem vorliegenden Meßmaterial nicht möglich, da Relaxationsprozesse u. a. erst unterhalb 0,5 kHz für die untersuchten Gesteine wirken. Relaxationen bei tiefen Frequenzen konnten mit einer hydraulischen Druckapparatur für Gneis und Tonschiefer nachgewiesen werden (ROTTER, STOLL & THON 1967).

5. D'ANDREA (1964) untersuchte den experimentellen Zusammenhang zwischen Druckfestigkeit und Transversalwellengeschwindigkeit. Die Ergebnisse von Laboruntersuchungen an Kalkstein-, Sandstein- und Granitproben vermittelt Abb. 4.

6. Die beobachtete Frequenzabhängigkeit der Phasenausbreitungsgeschwindigkeit für Kalksteine und Phyllit im Bereich zwischen 4—5 kHz ist möglicherweise auf einen Wellenwechsel, wie er beispielsweise von MILITZER (1964) beobachtet wurde (oder auf die Dispersion von RAYLEIGH-Wellen), zurückzuführen.

Oberhalb dieser Frequenz deuteten sich in einzelnen Fällen wieder frequenzunabhängige Phasenausbreitungsgeschwindigkeiten an, die in der Größenordnung von Longitudinalwellenausbreitungsgeschwindigkeiten liegen. Die Frequenzunabhängigkeit der Phasenausbreitungsgeschwindigkeit, wenn ein Wellenwechsel angenommen wird, zeigt, daß der Einfluß der viskosen Eigenschaften des Gesteins auf den Absorptionskoeffizienten viel größer ist als auf die Phasenausbreitungsgeschwindigkeit. Dieses bedeutet aber, daß der Absorptionskoeffizient ein günstigerer Indikator zur Charakterisierung der lithologischen, faziellen und physikalischen Eigenschaften der Gesteine ist, als die Ausbreitungsgeschwindigkeit darstellt.

Zusammenfassung

Für die praktische Bestimmung des Schubmoduls aus vibratorseismischen Messungen wird aus theoretischen Betrachtungen des von NAKAMURA vorgeschlagenen Elastizitätsgesetzes eine Möglichkeit abgeleitet.

Die aus vibratorseismischen frequenzabhängigen Phasenmessungen berechneten Phasenausbreitungsgeschwindigkeiten stimmen gut mit Transversalwellengeschwindigkeiten aus hammerschlagseismischen Messungen überein. Die berechneten Schubmoduln sind frequenzunabhängig. Eine Extrapolation der experimentellen Schubmoduln auf statische Moduln aus Messungen im Frequenzbereich von 0,5 bis 4,5 kHz ist nicht möglich.

Резюме

Из теоретических рассмотрений предложенного Накамурой закона эластичности выводится возможность практического определения модуля сдвига по вибрационно-сейсмическим измерениям.

Скорости распространения фаз, вычисленные по вибрационно-сейсмическим, зависимым от частоты измерениям, хорошо сходятся со скоростями трансверсальных волн по сейсмическим измерениям, полученным при ударах молотом. Вычисленные модули сдвига не зависят от частоты. Экстраполяция экспериментальных модулей сдвига на статические модули измерений в интервале частот от 0,5 до 4,5 кгц невозможна.

Summary

For a practical determination of the modulus of shear deformation from vibrator-seismic measurements a possibility is derived from theoretical considerations of the law of elasticity suggested by NAKAMURA.

Phase propagation velocities calculated from vibrator-seismic frequency-dependent phase measurements are in good accord with transverse wave velocities obtained from hammerstroke seismic measurements. The moduli calculated for the shear deformation do not depend on the frequency. Experimental moduli cannot be extrapolated to static moduli obtained from measurements in the frequency range 0.5 to 4.5 kc/s.

Literatur

D'ANDREA, D. V., R. L. FISCHER u. a.: Prediction of compressive strength from other rock properties. — Quart Colorado school of Mines Golden, 59, 623—660 (1964).

FRITSCH, V.: Geoelektrische Baugrunduntersuchungen. — VEB Verl. Bauwesen, Berlin 1960.

LANGE, H. F.: Signale und Systeme, Bd. 1: Spektrale Darstellung. — VEB Verl. Technik, Berlin.

MILITZER, H.: Einige Ergebnisse der Vibratortechnik in der Ingenieurgeophysik. — Geophys. Prospecting, XII, 3, 298—307 (1964).

— Die elektrische Eigenpotentialmethode im Erzbergbau. — Bergbautechnik, **3**, 7—9, 444—451, Berlin 1953.

MEISSER, O., H. MILITZER & H.-G. THON: Ein Beitrag zur ingenieurgeophysikalischen Kennwertbestimmung an Felsgesteinen im Talsperrenbau. — Bergakademie, **16**, 4/5, 277—286 (1964).

MILITZER, H., D. ROTTER, R. STOLL & H.-G. THON: Einige Probleme und Ergebnisse der Bestimmung geomechanischer Kennziffern mit Hilfe geophysikalischer Methoden. — Bergakademie, **20**, 9, 523—527 (1968).

MILITZER, H., & R. STOLL: Vibratorseismische Messungen in situ zur Bestimmung eines frequenzabhängigen Absorptionskoeffizienten. — Bergakademie, **20**, 9, 518—521 (1968).

OELSNER, CH.: Schlagseismische Untersuchungen unter Tage zur Bestimmung physikalischer Eigenschaften des Gebirges in situ. — Freiberger Forsch.-H., C 178 (1965).

RÖSLER, R.: Betrachtungen zu den Spannungs-Dehnungs-Beziehungen von NAKAMURA. — Gerlands Beitr. Geophysik, **67**, 31—48 (1958).

ROTTER, D., R. STOLL & H.-G. THON: Zu einigen Problemen der Bestimmung mechanischer Kennwerte von Festgesteinen in situ aus experimenteller Sicht. — Bergakademie, **19**, 10, 575—579 (1967).

STOLL, R.: Vibratorseismische Messungen unter Tage zum Zwecke der Schichtgrenzenerkundung, Pfeilerdurchschallung und Hohlraumortung nach der Resonanzmethode. — Bergakademie, **19**, 11, 664—666 (1967).

WENDT, D.: Dichtemessungen an Erdstoffen mit Gammastrahlensonden im Erd- und Grundbau. — Mitt. Forschungsanst. Schiffahrt, Wasser- und Grundbau, Berlin, 12, 139—178 (1964).

Handbuch der Geophysik, Bd. 4: Seismik. — Verl. Wissenschaft, Moskau, 1967.

Einige Probleme des Verhältnisses oberflächennaher Strukturen zum Tiefenbau der Erdkruste im Südwesten der UdSSR

W. B. SOLLOGUB, UdSSR

Im Südwesten der UdSSR entwickelten sich in ihrem Alter und ihrer Ausbildung verschiedene geologische Großstrukturen, wie der präkambrische Ukrainische Schild, die jungen alpidischen Faltengebirge Karpaten, Krim und Kaukasus mit ihren Vorsenken (Vorkarpaten und Indol—Kuban), eine Plattformsenke (Dnepr—Donez) und die Donez-Gebirgskette als deren Fortsetzung in südöstlicher Richtung (W. G. BONDARTSCHUK 1962; J. N. BELEWTSCHEW 1964; W. W. GLUSHKO, I. F. KLITOTSCHENKO, W. N. KRAMARENKO, S. P. MAKSIMOW & M. W. TSCHIRSKAJA 1963). Der geologische Bau der oberflächennahen Schichten der Erdkruste in diesem Gebiet ist sehr kompliziert und vielgestaltig. Aus Bohrlochmessungen und geophysikalischen Untersuchungen (hauptsächlich mit seismischen Methoden) ergab sich, daß sich die Mächtigkeit der Sedimentablagerungen in diesen Gebieten von einigen Dekametern auf dem Ukrainischen Schild auf 15—17 km in der Dnepr-Senke und den Vorsenken verändert.

Um den geologischen Bau tieferer Horizonte der Erdkruste zu klären, wurden in den letzten Jahren im zu untersuchenden Gebiet viele KMgW- (Korrelationsmethode gebrochener

Eingang des Manuskripts in der Redaktion: 22. 9. 1969.
Übers.: cand. geoph. G. KNÜPPELHOLZ, Sektion Geowissenschaften der Bergakademie Freiberg.
Wissenschaftliche Redaktion: Dr. rer. nat. CHR. KNOTHE, Sektion Geowissenschaften der Bergakademie Freiberg.

Wellen) und STS- (seismische Tiefensondierung) Messungen durchgeführt. Sie verdeutlichen in gewissem Grade Einzelheiten, den Bau des Kristallins, die CONRAD-Diskontinuität und die MOHOROVIČIĆ-Diskontinuität längs der Profile, die die ukrainischen Hauptstrukturen kreuzten und die Gebiete begrenzten.

In Abb. 1 werden die seismischen Profile dargestellt, auf denen seismische Untersuchungen durchgeführt wurden.

Bevor auf den Zusammenhang zwischen oberflächennaher Geologie und der Tiefenstruktur der Erdkruste eingegangen wird, soll die besondere Aufmerksamkeit auf einige Fragen der MOHOROVIČIĆ-Diskontinuität gerichtet werden, insbesondere auf deren Natur und das Wellenfeld, das wir bei der Untersuchung dieser Grenze mit der STS-Methode erhalten.

Viele Forscher meinen, daß die MOHOROVIČIĆ-Diskontinuität durch die phasenbedingte Umwandlung des Basalts in Eklogit oder umgekehrt gebildet wird (S. J. SUBBOTIN, G. L. NAUMTSCHIK & J. M. RACHIMOWA 1968). Einige Wissenschaftler nehmen eine chemische Natur dieser Grenze an. In seiner letzten Arbeit „Die MOHOROVIČIĆ-Diskontinuität und der orogene Zyklus" behauptet P. WYLLIE (1963), daß in der Erdkruste zwei Grenzen existieren, eine Phasengrenze und eine chemisch bedingte Grenze, wobei die heutige MOHOROVIČIĆ-Diskontinuität in den verschiedenen Abschnitten der Orogenese in Abhängigkeit von der Orogenphase sowohl mit der ersten als auch mit der zweiten Grenze zusammenfallen kann. Abb. 2 stellt den aus der Arbeit P. WYLLIEs entnommenen Bau der Erdkruste dar. Aus ihr geht hervor, daß im letzten Teil der Orogenese die MOHOROVIČIĆ-Diskontinuität in gewissen Teilen des Gebietes mit der chemischen, in anderen mit der phasenbedingten Grenze zusammenfällt.

Um die Natur der Erdkruste zu klären, führten wir eine Mächtigkeitsanalyse der einzelnen Schichten der Erdkruste durch. Gegenwärtig unterscheidet man bekanntlich auf Grund von STS-Messungen in der Kruste drei Hauptgrenzen. Die erste mit der Grenzgeschwindigkeit $v_g = 5{,}8$ bis 6,2 km/s ist die Grenze des kristallinen Fundaments. Die zweite Grenze mit $v_g = 6{,}8-7{,}2$ km/s fällt in der Regel mit der CONRAD-Diskontinuität (der Oberfläche der sogenannten „Basalt"schicht) zusammen. Die dritte schließlich mit $v_g = 8{,}0-8{,}2$ km/s kennzeichnet die MOHOROVIČIĆ-Diskontinuität. Diese seismische Grenze erkennt man an den charakteristischen dynamischen Eigenschaften des Wellenfeldes. Die aufgezählten seismischen Horizonte stellen die Grenzen der drei Schichten dar, aus denen die Erdkruste besteht, und zwar: der sedimentären, der „Granit"- und der „Basalt"schicht, wobei die Bezeichnung der letzteren beiden lediglich auf Vereinbarung beruht.

Wir meinen, daß die Analyse der gesetzmäßigen Veränderung der einzelnen Schichtmächtigkeiten und ihrer Wechselbeziehungen in bestimmtem Maße Licht auf die Entstehung

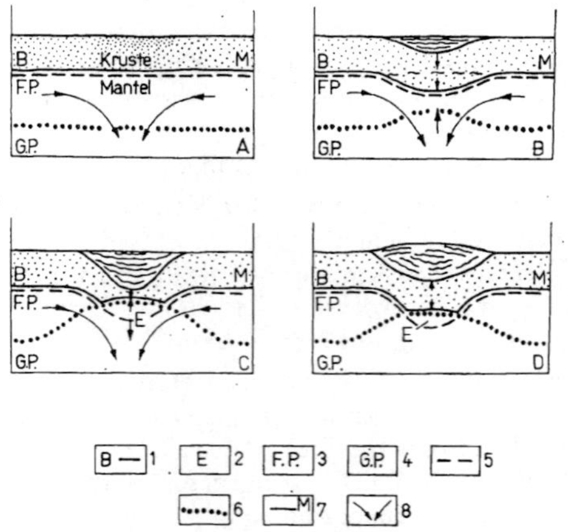

Abb. 2. Die mögliche Aufeinanderfolge von orogenen Zyklen (nach P. WYLLIE)

1 – Basalt; 2 – Eklogit; 3 – Feldspatperidotit; 4 – Granitperidotit; 5 – chemische Grenze; 6 – Phasenübergangszone; 7 – MOHOROVIČIĆ-Diskontinuität; 8 – Konvektionsströme

der Schichten der Erdkruste werfen kann, die jetzt durch die STS-Methode bestimmbar sind. Deshalb stellten wir die Dickenänderung der wichtigsten Schichten der Erdkruste längs einiger STS-Profile graphisch dar. So erhielten wir für das Profil Schwarzes Meer—Woronesher Massiv (SOLLOGUB 1967) folgende Resultate (Abb. 3): Die Kurve 1 stellt die Mächtigkeitsänderung der Sedimentschicht dar, deren Maximalwert in der Schwarzmeer-Senke (15—16 km) und deren Minimalwert auf dem Ukrainischen Schild liegt, wo das Kristallin praktisch ansteht. Außerdem zeichnen sich deutlich die Dnepr—Donez- und die Schwarzmeer-Vorsenke ab. Auch die Kurve 2 zeigt eine ziemlich starke Variation der Dicke der sogenannten „Granit"schicht. Die größte Mächtigkeit ist für den Ukrainischen Schild kennzeichnend, die kleinste haben wir in der Schwarzmeer-Senke, wo die „Granit"schicht praktisch fehlt. Es läßt sich eine ganz bestimmte wechselseitige Gesetzmäßigkeit zwischen den Kurven 1 und 2 feststellen, die darin zum Ausdruck kommt, daß, je tiefer die Senke, desto dünner auch die „Granit"-schicht ist und umgekehrt.

Die Kurve 3 stellt die Gesamtmächtigkeit der Sediment- und „Granit"schicht dar, wobei sie fast parallel der horizontalen Achse verläuft, d. h., die Gesamtmächtigkeit dieser Schichten bleibt konstant. Geringe Veränderungen der Dicke dieser beiden Schichten können durch eine unterschiedliche geologische Entwicklung bestimmter Gebiete und durch kleine Fehler bei der Dickenbestimmung der jeweiligen Schicht erklärt werden. Die Kurve 4 zeigt die Dickenänderung der „Basalt"schicht. Irgendeine Wechselbeziehung der Kurve 4 mit den anderen Kurven kann man nicht beobachten.

Die fünfte Kurve schließlich gibt eine Vorstellung von der Mächtigkeitsänderung der gesamten Erdkruste. Diese Kurve (5) verläuft parallel zur Kurve 4, d. h., die Mächtigkeitsänderung der Erdkruste hängt hauptsächlich von der „Basalt"schicht ab.

Zur Bestätigung der erkannten Gesetzmäßigkeit stellten wir analoge Diagramme für eine ganze Reihe von STS-Profilen auf, die in alters- und entwicklungsmäßig unterschiedlichen Gebieten liegen. Diese Gesetzmäßigkeit existiert überall. Außerdem stellten wir die Abhängigkeit der Gesetzmäßigkeit der Kruste von ihren verschiedenen Schichten graphisch dar. Dabei zeigte sich, daß eine direkte Wechselbeziehung nur zwischen der Krustendicke und der Dicke der „Basalt"schicht existiert. In Abb. 4 wurde die Abhängigkeit der Krustendicke von der „Basalt"schicht nach vielen STS-Profilen graphisch aufgezeichnet. Diese Abhängigkeit kann durch eine Gerade dargestellt und mathematisch in folgender Formel ausgedrückt werden:

$$H_{kr} = f(H_{\mathrm{Bas}}) + C$$

Abb. 1. Die Lage der STS-Profile

1 – STS-Profile, 2 – Grenzen geologischer Einheiten

wobei

H_{Er} — Mächtigkeit der Erdkruste;
H_{Bas} — Dicke der „Basalt"schicht;
C — eine Konstante ist,

die gleich der Gesetzmäßigkeit der Sediment- und „Granit"-schicht ist. Nach STS-Angaben bewegt sich die Dicke der „Basalt"schicht in sehr großen Grenzen von 2—3 km bis 20—30 km, und gerade von dieser Veränderung hängt die Gesamtstärke der Erdkruste ab. Aller Wahrscheinlichkeit nach kann man die Mächtigkeitsänderung der „Basalt"-schicht in erster Linie mit der phasenbedingten Umwandlung von Basalt in Eklogit und umgekehrt erklären oder auch mit chemischen Prozessen an der Grenze Erdkruste/oberer Mantel. Möglicherweise hängt die Mächtigkeitsänderung der „Basalt"schicht in einem bestimmten, aber nur geringen Maße von der Vertikalverschiebung einzelner Blöcke der Erdkruste ab. Schließlich können eine Zu- oder Abnahme der Mächtigkeit der „Basalt"schicht nicht durch die Bewegung des Basalts in horizontaler Richtung hervorgerufen werden, wie es einige Wissenschaftler zeigen wollten.

So ändert sich bei der Entwicklung der Erdkruste und Bildung bestimmter Strukturen (Senken, Gebirge u. a.) die Krustenmächtigkeit infolge der „Basalt"schicht. Folglich ist die MOHOROVIČIĆ-Diskontinuität nicht eine feste

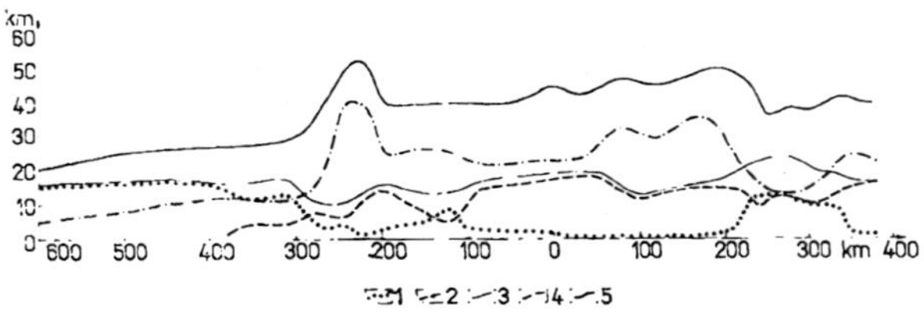

Abb. 3. Die Mächtigkeitsänderung der Schichten der Erdkruste auf dem Profil Schwarzes Meer—Woronesher Massiv

1 — Sedimentschicht; 2 — Granitschicht; 3 — Sediment- und Granitschicht; 4 — Basaltschicht; 5 — Erdkruste

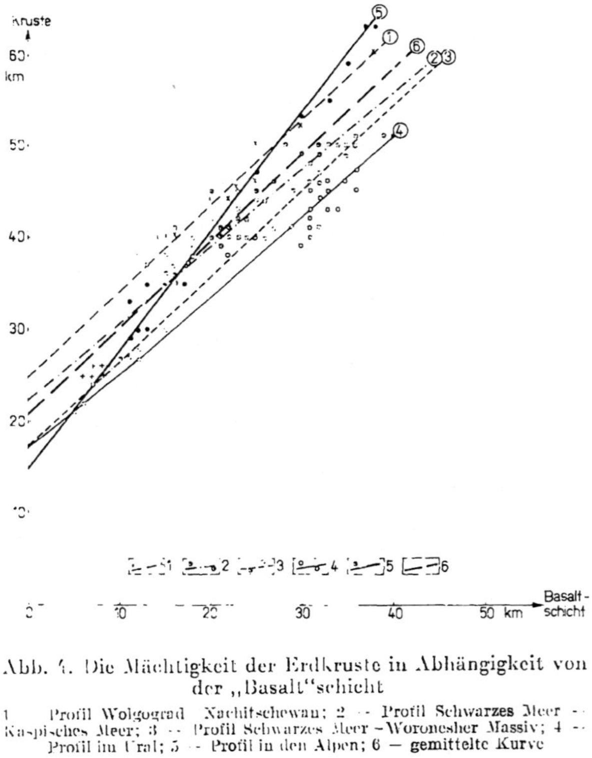

Abb. 4. Die Mächtigkeit der Erdkruste in Abhängigkeit von der „Basalt"schicht

1 — Profil Wolgograd — Nachitschewan; 2 — Profil Schwarzes Meer — Kaspisches Meer; 3 — Profil Schwarzes Meer — Woronesher Massiv; 4 — Profil im Ural; 5 — Profil in den Alpen; 6 — gemittelte Kurve

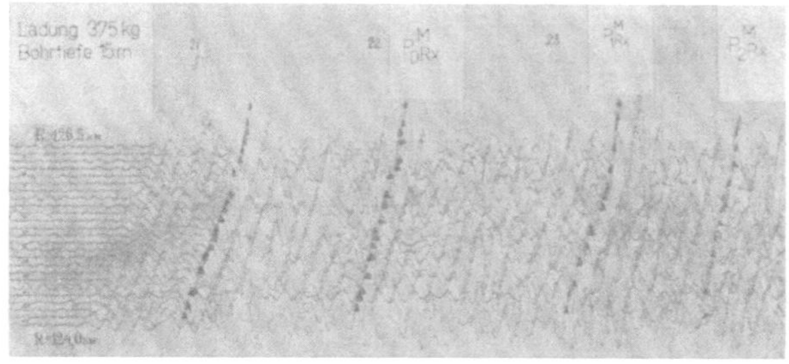

Abb. 5. Seismogramm mit den überkritischen Reflexionen von 2—3 Grenzen (eine von diesen ist die MOHOROVIČIĆ-Diskontinuität)

Grenze, sondern verschiebt sich in der Vertikalen. Man kann sich diese Grenze folglich als eine gewisse Front vorstellen.

Obwohl die Veränderung der MOHOROVIČIĆ-Diskontinuität bei ihrer Verschiebung während der geologischen Entwicklung der Erdkruste sehr langsam verläuft, bleibt wahrscheinlich die frühere Grenze bestehen, die auf Grund ihrer physikalischen Eigenschaften an die heutige MOHOROVIČIĆ-Diskontinuität erinnert. Von dieser früheren Grenze kann man bei STS-Messungen charakteristische überkritische Reflexionen (Weitwinkelreflexionen) erhalten, die an die Reflexionen der jetzigen MOHOROVIČIĆ-Diskontinuität erinnern.

Zur Illustration dieser Situation soll ein Seismogramm dienen, das auf dem Ukrainischen Schild in alten unterproterozoischen Geosynklinalen erhalten wurde (Abb. 5). Auf dem Seismogramm sind deutlich die überkritischen Reflexionen der MOHOROVIČIĆ-Diskontinuität (P^{M}_{1Rr}) als zwei- bis dreiphasige intensive Schwingung und die überkritischen Reflexionen von der alten MOHOROVIČIĆ-Diskontinuität (P^{M}_{2Rr}) zu erkennen, da diese Grenze eine sehr tiefe Gebirgs„wurzel" bildete. Schließlich tritt noch die Welle P^{M}_{0Rr} von der neugebildeten MOHOROVIČIĆ-Diskontinuität auf, die in geringer Teufe liegt.

Geht man von den bisherigen Ausführungen aus, müßte man unter Gebirgen, die gegenwärtig eine Gebirgs„wurzel" haben und die früher eine andere geologische Struktur aufwiesen, die keine „Wurzel" zeigte, eine Grenze beobachten, die in der „Basalt"schicht liegt und eine alte MOHOROVIČIĆ-Diskontinuität darstellt (die vor der Bildung der Gebirgs„wurzel" existierte). Zur Verdeutlichung dieser Situation dient ein Profil, das die Karpaten an der Linie Dolina—Beregowo kreuzt (Abb. 6). Hier treten typische Gebirgs„wurzeln" auf, wobei die MOHOROVIČIĆ-Diskontinuität in 50 bis 60 km Tiefe liegt. Über dieser Grenze befindet sich der seismische Horizont M_2 (in der „Basalt"schicht) in einer Tiefe von 40—45 km. Die von dieser Grenze registrierten Wellen erinnern in vieler Hinsicht an die Wellen von der MOHOROVIČIĆ-Diskontinuität, so daß man in einigen Fällen annehmen kann, daß sie von den letzteren herrühren.

In den Gebieten der Plattformsenken, wo die MOHOROVIČIĆ-Diskontinuität in der Regel eine Antiklinale bildet, muß man Grenzen erwarten, die unter der MOHOROVIČIĆ-Diskontinuität liegen. In diesem Falle verschob sich die MOHOROVIČIĆ-Diskontinuität nach oben. Zur Veranschaulichung dieser Situation soll das STS-Profil dienen, das die Dnepr—Donez-Senke an der oberen Linie Schewtschenko—Blisnezy kreuzt (SOLLOGUB 1965). Dort sind ganz sicher zwei Moho-Grenzen fixiert, wobei als die Hauptgrenze die obere angenommen wird, die in 38—40 km Tiefe liegt. Die untere, die zweite, MOHOROVIČIĆ-Grenze liegt schon im oberen Mantel in 45 km Tiefe. Aller Wahrscheinlichkeit nach ist diese zweite Grenze eben die alte MOHOROVIČIĆ-Diskontinuität, die bis zur Herausbildung der Dnepr—Donez-Senke existierte.

Drittens schließlich bildete sich das Gebirge in seiner historischen Entwicklung in eine Plattform oder eine ihr ähnliche Struktur um. In diesem Fall verschwand die früher existierende Gebirgs„wurzel", und man beobachtet heute eine horizontale MOHOROVIČIĆ-Diskontinuität oder eine kompliziertere Struktur (Antiklinale). Ein typisches Beispiel dafür ist das Profil, das den nordwestlichen Abschluß des Donbass kreuzt. Der Bau der Erdkruste unter alten herzynischen Gebirgen, wie sie seinerzeit im Donbass existierten, war wahrscheinlich durch Gebirgs„wurzeln" gekennzeichnet. In der geologischen Entwicklung denudierten die Gebirge, und in der Zone Kruste—Mantel wandelte sich Basalt in Eklogit um, d. h., die Moho-Grenze verschob sich nach oben.

Auf dem Profil Nogajsk—Swatowo (Abb. 7) ist deutlich zu sehen, daß die jetzige Moho-Diskontinuität im zentralen Teil des Donbass (Konstantinowka-Antiklinale) eine kleine Synklinale bildet. Am Donbass-Rand beobachtet man zwei symmetrisch gelegene Antiklinalen.

Nahe des Südabschlusses des Donbass registriert man außer der Welle der MOHOROVIČIĆ-Diskontinuität eine zweite, die sich in ihren dynamischen Eigenschaften etwas von der ersten unterscheidet.

In Abb. 8 sind zwei Seismogramme dargestellt, auf denen diese Wellen registriert wurden. Die Welle P^M_{1Rr} (überkritische Reflexion von der Moho-Grenze) ist eine dreiphasige Schwingung mit sehr großer Intensität. Beim Geophon 2050 „kommt" aus dieser sozusagen eine zweite Welle P^M_{2Rr} „heraus", die in ihren dynamischen Besonderheiten auch sehr charakteristisch ist. Am Geophon 2124 wurden die beiden Wellen schon getrennt registriert; denn sie sind ihrer dynamischen Charakteristik nach unterschiedlich, weshalb sie natürlich mit zwei MOHOROVIČIĆ-Grenzen gleichgesetzt werden (in Analogie zu anderen Gebieten). Man nimmt an, daß sich die MOHOROVIČIĆ-Diskontinuität spaltet, und es ist wahrscheinlich, daß der Horizont von der Welle P^M_{1Rr} die jetzige MOHOROVIČIĆ-Diskontinuität ist (M_2). Der reflektierende Horizont M_2, der durch die Welle P^M_{2Rr} bestimmt wird, stellt die alte MOHOROVIČIĆ-Grenze dar, als unter dem Donbass die Gebirgs„wurzeln" existierten (Abb. 7, Meßpunkte 120—130).

In einem etwas nördlicheren Gebiet (Meßpunkt 280) wurde noch eine Welle von einer Grenze, die im oberen Mantel liegt, registriert. Diese Grenze stimmt nicht mit der MOHOROVIČIĆ-Diskontinuität überein, sondern bildet die Fortsetzung des Reflexionshorizontes M_2. Aller Wahrscheinlichkeit nach stellt dieser Horizont die alten Gebirgs„wurzeln" im zentralen Donbass dar.

Man muß annehmen, daß durch den phasen- oder chemisch bedingten Übergang die MOHOROVIČIĆ-Diskontinuität unterschiedlich gehoben wurde und daß dieser Prozeß in Gebieten tiefer Brüche intensiver verlief. Dadurch ist die Moho-Grenze heute an den Donbass-Begrenzungen stärker nach oben verschoben als in den Hauptachsen des untersuchten Gebietes.

Im zentralen Teil des Donbass wurden in der „Basalt"-schicht Reflexionshorizonte festgestellt, die eine Antiklinale bilden (M_0). Die Wellen von dieser Grenze sind nicht so charakteristisch wie die von den Grenzen M_1 und M_2, aber von sehr guter Qualität. Wahrscheinlich ist diese Antiklinale als Reflexionsfläche ein Analogon zur jetzigen MOHOROVIČIĆ-Diskontinuität, die man bekanntlich in der Dnepr—Donez-Senke beobachtet. So findet man am Kreuzungspunkt des Donezgebirges mit der Dnepr—Donez-Senke drei MOHOROVIČIĆ-Grenzen vor. Die erste ist die jetzige M_1, die einen sehr komplizierten Bau hat. Die zweite ist die alte Grenze M_2, die charakteristisch für Faltengebirge ist und die Gebirgs„wurzeln" bildete. Die dritte Grenze M_0 schließlich ist eine Antiklinale, die kennzeichnend für Senken des Plattformtyps (Dnepr—Donez-, Schwarzmeer-Vorsenke u. a.) ist.

Einige Ausführungen zu den überkritischen Reflexionen von der Mohorovičić-Diskontinuität

Eine sorgfältige Registrierung der dynamischen Besonderheiten überkritischer Reflexionen von der MOHOROVIČIĆ-Diskontinuität ermöglicht eine bessere Widerspiegelung der Struktur dieser Grenze. Es wurde schon gesagt, daß diese seismische Grenze eine mehrfach gegliederte Schicht mit einigen Reflexionshorizonten darstellt, die unter verschiedenen Winkeln einfallen.

Abb. 9 stellt die Erdkruste längs des Profils Nogajsk—Swatowo (nordwestliche Abgrenzung des Donbass) dar. Man sieht deutlich, daß die MOHOROVIČIĆ-Diskontinuität nicht irgendeine einheitliche Grenze ist, sondern eine Schicht mit einer bestimmten Mächtigkeit und mit vielen Reflexionshorizonten. Wo Tiefenbrüche auftreten, beobachtet man in vielen Fällen sich kreuzende Reflexionshorizonte, die unter verschiedenen Winkeln einfallen.

Versuche, die 1968 mit der Längs- und Querprofilierung unter Anwendung der räumlichen Sondierung durchgeführt wurden, zeigten ganz deutlich, daß die MOHOROVIČIĆ-Diskontinuität auf 35 km Länge aus fünf selbständigen „Stücken" besteht, die in verschiedenen Tiefen (0,5 bis 1,5 km) lagern und unter unterschiedlichen Winkeln einfallen. So kann man sich die MOHOROVIČIĆ-Diskontinuität als eine Schicht von 2 bis 3 km und größerer Mächtigkeit vorstellen. In ihr treten einzelne Grenzen auf, von denen man auch charakteristische überkritische Reflexionen registriert.

So zeigten die in den letzten Jahren durchgeführten STS-Messungen deutlich, daß der Terminus MOHOROVIČIĆ-„Fläche" seinen früheren Sinn verloren hat. Aller Wahrscheinlichkeit nach kann man unter diesem Terminus eine bestimmte Schicht verstehen, die eine Reihe von reflektierenden Horizonten einschließt.

Der Vergleich oberflächennaher geologischer Strukturen und Strukturen in der Erdkruste kann heute nur allgemein durchgeführt werden, und zwar nur auf einzelnen Profilen, die speziell untersucht werden. Bei diesen müssen alle vorher genannten Verfeinerungen der Interpretation berücksichtigt werden, um somit eingehender verglichen werden zu können.

Zuerst betrachten wir das Allgemeine des Erdkrustenbaus und dessen Wechselbeziehung mit großen geologischen Einheiten. Später analysieren wir einige Teilprobleme, wie z. B. die Widerspiegelung von Tiefenbrüchen in oberflächennahen Horizonten usw.

Beim ersten Problem konzentrieren wir uns vor allem auf den Bau der Erdkruste in Senken, dann in Gebirgsgegenden, und zum Schluß umreißen wir einige Probleme des Krustenbaus des Ukrainischen Schildes. Viele Untersuchungen mit der seismischen Tiefensondierung in der Dnepr—Donez-, Schwarzmeer-Vor- und anderen Senken zeugen von einer Verdünnung der Kruste unter diesen Senken im Verhältnis zu dem umgebenden Gebiet. Diese Abnahme der Krustenmächtigkeit in verschiedenen Regionen und verschiedenen Teilen der Senken ist nicht einheitlich. So nimmt sie in der Dnepr—Donez-Senke um 10 km, in der Indol—Kuban-Senke um 5 km und in der Schwarzmeer-Vorsenke nur um 1,5—2 km ab (Abb. 10). Wenn man die Profile im Streichen der Dnepr—Donez-Senke genauer betrachtet, sieht man, daß die Abnahme der Krustenmächtigkeit in diesen unterschiedlich ist. So fand man die geringste Krustendicke westlich des Kanew-Bruches. Man beobachtet unter den Senken eine Reliefumkehr der MOHOROVIČIĆ-Diskontinuität und höher liegender seismischer Grenzen (Kristallingrenze und CONRAD-Diskontinuität). Die Abnahme der Krustenmächtigkeit unter den Senken ist hauptsächlich durch die Abnahme der Dicke der „Basalt"schicht bestimmt.

Unter den Alpen, Karpaten, der Krim und dem Kaukasus (Abb. 11) liegt bekanntlich eine anomale Krustenstärke vor, die 50—60 km und mehr erreicht. Die Zunahme der Krustenmächtigkeit in allen aufgezählten Gebieten ist durch die mächtigere „Basalt"schicht bedingt. Die Gebirgs„wurzeln" werden in der Regel von Tiefenbrüchen begrenzt. Die „Granit"schicht bleibt in diesen Gebieten ungefähr konstant oder verringert sich nur etwas im Verhältnis zu den die Gebirge umsäumenden Gebieten. Die Grenze des Kristallins stimmt auch nicht mit den tiefen seismischen Grenzen überein.

Also finden wir auch unter alpidischen Strukturen eine Reliefumkehr der wichtigsten seismischen Grenzen der Erdkruste. Bildet die MOHOROVIČIĆ-Diskontinuität unter den Senken eine Antiklinale, so beobachtet man unter den Gebirgen eine Synklinalform dieser Grenze. Die CONRAD-Diskontinuität spiegelt hauptsächlich das Relief des Fundaments wider.

In Innenmassiven (z. B. Pannonien) ist die Kruste anomal dünn. Die Abnahme der Krustenmächtigkeit wird auch hier durch die „Basalt"schicht hervorgerufen, obwohl die seismischen Grenzen im wesentlichen übereinstimmen. Die interessantesten Daten zur Frage nach dem Verhältnis

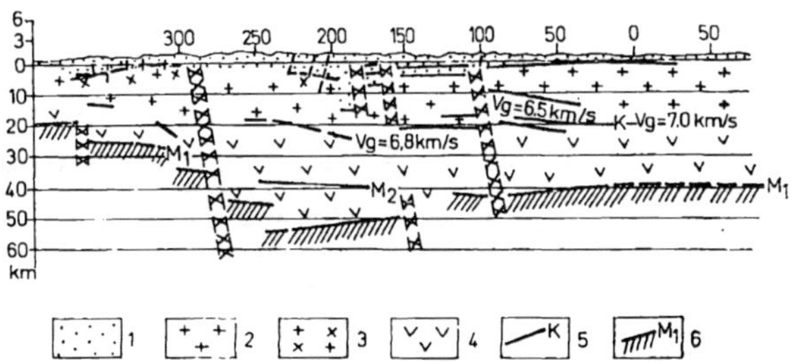

Abb. 6. Schnitt durch die Erdkruste in den Karpaten

1 – Sedimentschicht; 2 – „Granit"schicht; 3 – paläozoisches Fundament; 4 – „Basalt"schicht; 5 – CONRAD-Diskontinuität; 6 – MOHOROVIČIĆ-Diskontinuität

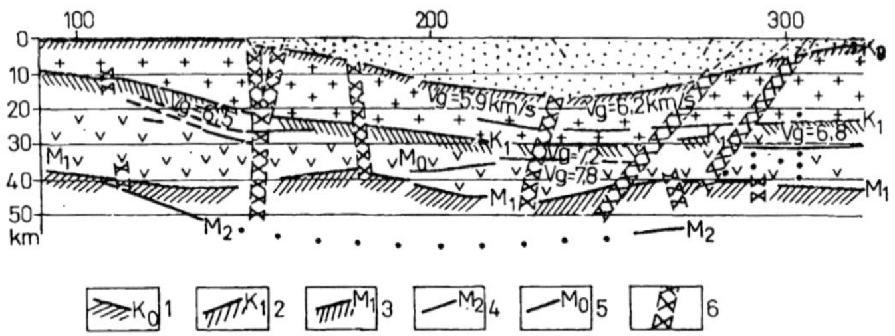

Abb. 7. Schnitt durch die Erdkruste im Donbass

1 – Fundament; 2 – CONRAD-Diskontinuität; 3 – heutige MOHOROVIČIĆ-Diskontinuität M_1; 5 – seismische Grenze M_0, von der charakteristische überkritische Reflexionen erhalten wurden; 6 – Tiefenbrüche

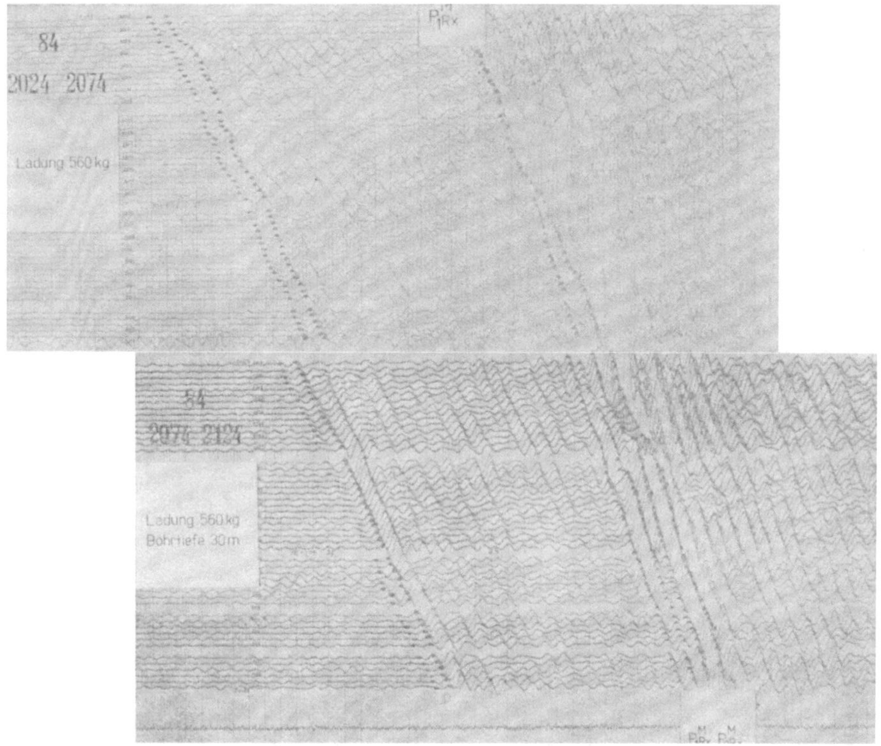

Abb. 8. Seismogramm mit den überkritischen Reflexionen der alten und der heutigen MOHOROVIČIĆ-Diskontinuität

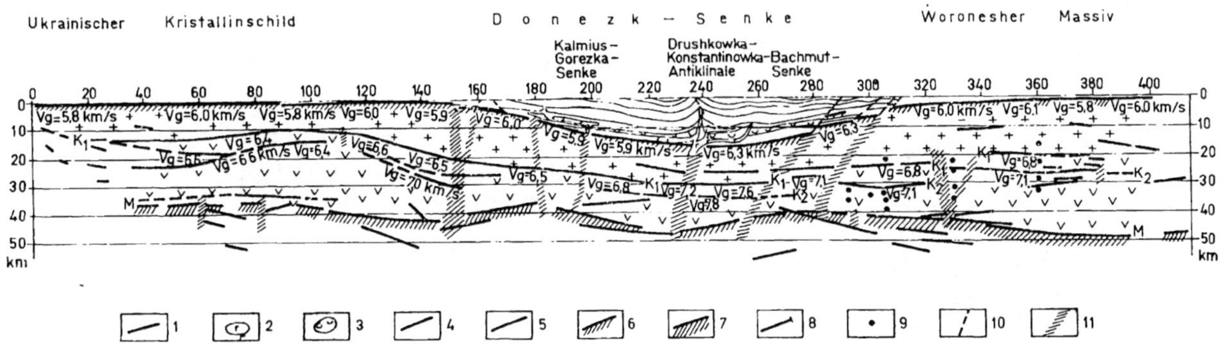

Abb. 9. Seismischer Schnitt der Erdkruste auf dem Profil Nogajsk–Swatowo (nach T. W. SMELJANSKA, N. J. PAWLENKOWA)

1 – stratigraphische Horizonte; 2 – Ergußgesteine (Basalt); 3 – Salz; 4 – Reflexionshorizonte; 5 – Refraktionshorizonte; 6 – Grenze des konsolidierten Fundaments; 7 – MOHOROVIČIĆ-Diskontinuität; 8 – Sprung in den seismischen Grenzen; 9 – Diffraktionspunkte; 10 – Störung im Fundament und in der Sedimentschicht; 11 – Tiefenbrüche

der oberen und unteren Etage der Erdkruste erhielt man auf dem Ukrainischen Schild längs des Profils Tanganrog—Kirowograd (Abb. 12).

Im Westteil der Ingulez-Zone (Kirowograd) liegt die MOHOROVIČIĆ-Diskontinuität 32 km tief. Weiter östlich taucht diese Grenze sehr stark unter und befindet sich im Gebiet der Kriwoj-Rog—Krementschug-Struktur schon in 55 km Tiefe. Das Abtauchen wird von Brüchen mit einer vertikalen Verschiebung der Grenze von 5—8 km begleitet. Weiter östlich verläuft die MOHOROVIČIĆ-Diskontinuität über 40—50 km fast horizontal. An der Grenze des Saporoshe-Innenmassivs, wo die Krustenmächtigkeit im ganzen 40 km beträgt, wird sie an mehreren Brüchen gehoben.

Im Orechowo—Pawlograd-Synklinorium wird die Kruste wieder bis zu 50 km mächtig. Dann wird die Moho-Grenze an mehreren Brüchen (7, 8 und 9) bis auf 40 km gehoben. Weiter östlich bleibt die Kruste ungefähr gleich, und die Moho-Grenze bleibt horizontal bis zum Profilende.

So kann man in diesem Gebiet einige große Blöcke unterscheiden, die sich untereinander in dem Krustenbau und wahrscheinlich in ihrer Entwicklung unterscheiden.

Der erste, wesentlichste Block, ist nur 30—40 km mächtig. An der Oberfläche sind hier archaische Bildungen verbreitet. In Analogie zu den heutigen Strukturen kann dieser Block zu den Innenmassiven gerechnet werden (Kirowograd- oder Westingulez-Innenmassiv).

Der zweite Block ist 55 km dick. Diese Mächtigkeit ist bekanntlich charakteristisch für alpidische Gebirge (Karpaten, Alpen, Krim, Kaukasus u. a.), die Gebirgs„wurzeln" haben. Folglich kann der zweite Block mit der 55 km mächtigen Erdkruste in Analogie zu jungen Gebirgen auch zu einer alten Geosynklinale unterproterozoischen Alters gezählt werden. Reste dieses Gebirges sind die Kriwoj-Rog-, Werchowzewo- und andere Strukturen. Möglicherweise waren die Gebirgs„wurzeln" des damaligen unterproterozoischen Gebirges noch mächtiger (65—69 km). In dieser Tiefe treten seismische Horizonte auf, die in ihren physikalischen Eigenschaften an die MOHOROVIČIĆ-Diskontinuität

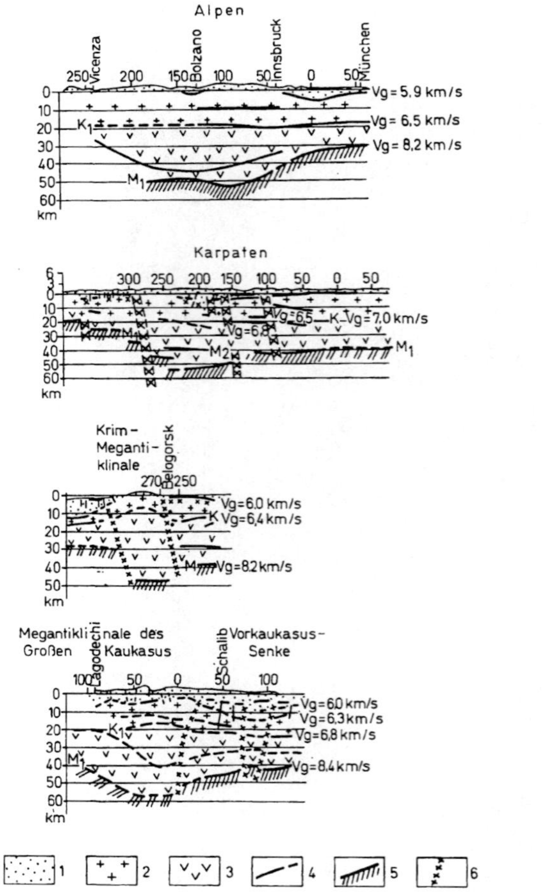

Abb. 11. Schnitt der Erdkruste unter Gebirgen

1 — Sedimentschicht; 2 — „Granit"schicht; 3 — „Basalt"schicht; 4 — seismische Horizonte; 5 — MOHOROVIČIĆ-Diskontinuität; 6 — Tiefenbrüche

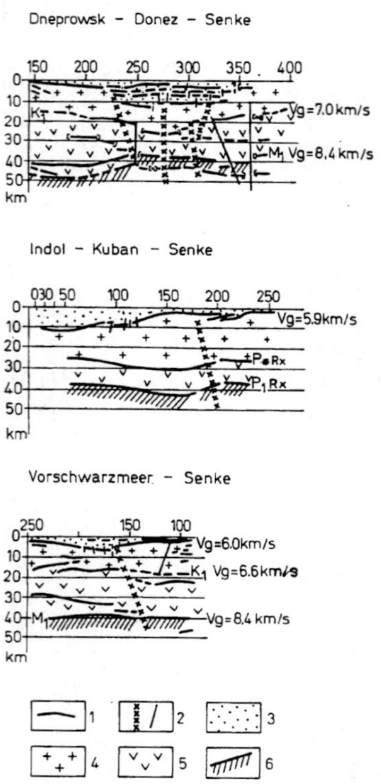

Abb. 10. Schnitt der Erdkruste in den Senken

1 — seismische Grenzen; 2 — Tiefenbrüche; 3 — Sedimentablagerungen; 4 — „Granit"schicht; 5 — „Basalt"schicht; 6 — MOHOROVIČIĆ-Diskontinuität

erinnern. Dieses Gebiet müßte man als unterproterozoisches Geosynklinalsystem des großen Kriwoj Rog bezeichnen.

Das Gebiet östlich der Sursker Struktur, wo die Erdkruste alles in allem 40 km mächtig ist, muß man zu den Innenmassiven rechnen (nach N. P. SEMENENKO).

Das Gebiet Konksk, die Orchowo—Pawlograd- und die Korsak-Struktur gehören mit einer Krustenmächtigkeit von 50 km zur zweiten unterproterozoischen Geosynklinalzone. Hier haben wir auch die typischen Gebirgs„wurzeln".

Vom Tiefenbruch 9 schließlich weiter nach Osten (bis zum Ende des Profils) bleibt die Mächtigkeit der Kruste konstant (40 km). Diesen Block muß man zur alten Plattform (oder zum Innenmassiv) rechnen, die zur Zeit submeridionaler unterproterozoischer Gebirge existierte.

Früher stellte man sich vor, daß sich in Schildgebieten, in denen alte Geosynklinalsysteme existierten, die Erdkruste durch das isostatische Gleichgewicht umwandelte, so daß die Kruste im Mittel 40 km mächtig war. Diese Hypothese wurde durch die STS-Messungen auf dem Ukrainischen Schild nicht bestätigt. Die Mächtigkeit der Kruste gleicht sich aus, was daraus zu ersehen ist, daß im Unterproterozoikum die Kruste unter dem Geosynklinalsystem Kriwoj Rog eine Tiefe von 65—68 km erreichte, während sie heute ungefähr nur 55 km mächtig ist. Folglich gleicht sich die Kruste sehr langsam und in allen Gebieten unterschiedlich aus (z. B. verlief der Ausgleich für den Donbass schneller). Aller Wahrscheinlichkeit nach hebt sich die MOHOROVIČIĆ-Diskontinuität im Kriwoj-Rog-Geosynklinalsystem noch heute. Ein indirekter Beweis dafür ist die gegenwärtig anomal große Hebung (+10 mm/Jahr), die wir am Kriwoj-Rog-Block beobachten.

So existierten auf dem Ukrainischen Schild im mittleren Dnepr- und im Asow-Gebiet im Unterproterozoikum zwei

Gebirgssysteme, die sich in meridionaler Richtung erstreckten (Abb. 13). Außerhalb des Schildes zogen sie sich in nördlicher und südlicher Richtung hin. Hier haben wir heute jüngere geologische Strukturen, im Norden das Dnepr—Donez-Aulakogen, im Süden die Schwarzmeer-Vorsenke.

Es wurde von uns gezeigt, daß die Kruste unter der Dnepr—Donez-Senke geringmächtig ist und sich laufend ändert. Diese Änderungen waren der Krustenstruktur des Unterproterozoikums untergeordnet. So wird das Gebiet innerhalb der Senke, das dem Kirowograd-Block des Schildes entspricht, durch eine minimale, das Gebiet der Kriwoj-Rog-Geosynklinalen durch eine maximale Mächtigkeit charakterisiert. Die Krustenstruktur unter der Dnepr—Donez-Senke ist sehr kompliziert, da deren wichtigsten geologischen Strukturen im Unterproterozoikum submeridionale und im Paläozoikum nordwestliche Richtung hatten.

Natürlich existieren die Tiefenbrüche, die diese Strukturen bestimmen, auch heute noch, sowohl auf dem Schild als auch außerhalb des Schildes. Auf dem Schild werden die meridionalen Brüche darum als Hauptbrüche angenommen.

Kommen wir nun auf das Problem der Verbindung der Strukturen von oberen Horizonten und denen der Erdkruste zurück. Wir stellen fest, daß sich in gewisser Weise Tiefenbrüche in den oberflächennahen Schichten widerspiegeln. Die in der Ukraine erkannten Tiefenbrüche, die die Erdkruste aufreißen, teilen das ganze Gebiet in einzelne Räume, die durch ihre spezifischen Züge gekennzeichnet sind. Es treten zwei Typen von Tiefenbrüchen auf, alte, fast meridionale und jüngere NW und NE verlaufende. Die Hauptbrüche durchziehen nicht nur den Ukrainischen Schild, sondern auch jüngere Strukturen wie die Dnepr—Donez-, die Schwarzmeer-Vorsenke, das Woronesh-Massiv, die Krim u. a.

Meist sind die Tiefenbrüche durch Spalten in der MOHOROVIČIĆ-Diskontinuität gekennzeichnet, in einigen Gebieten wird diese Grenze auch in der Vertikalen verschoben, wobei die Verschiebungsamplitude der MOHOROVIČIĆ-Grenze zwischen einigen 10^2-Metern und einigen 10^1-Kilometern liegt. Auch die Breite der Brüche variiert in weiten Grenzen, von 1—2 km bis zu einigen 10^1-Kilometern. Die Tiefenbrüche reichen bis in unterschiedliche Tiefe. Es gibt Brüche, die man in der ganzen Erdkruste antrifft bis zu den Sedimentablagerungen, andere enden in der „Basalt"schicht oder der „Granit"schicht (von unten nach oben). Man kann annehmen, daß in einzelnen Gebieten von den Hauptbrüchen sozusagen Nebenbrüche ausgehen, die dann unter

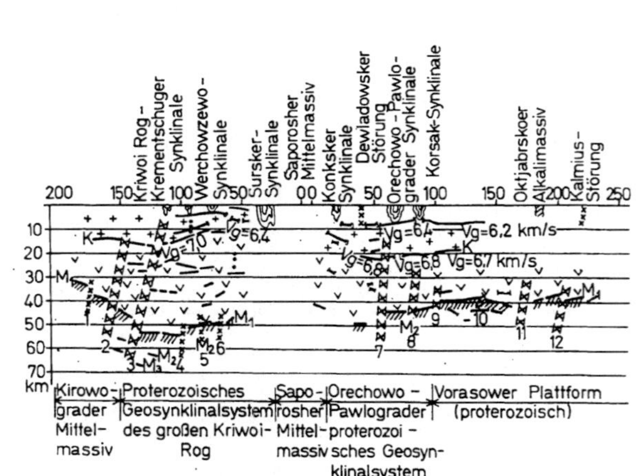

Abb. 12. Schnitt der Erdkruste auf dem Profil Kirowograd—Taganrog

1 — „Granit"schicht; 2 — „Basalt"schicht; 3 — Tiefenbrüche; 4 — tektonische Störungen; 5 — Refraktions- und Reflexionshorizonte; 6 — MOHOROVIČIĆ-Diskontinuität; 7 — CONRAD-Diskontinuität; 8 — Grenzgeschwindigkeiten; 9 — Diffraktionspunkte; 10 — oberflächennahe geologische Strukturen

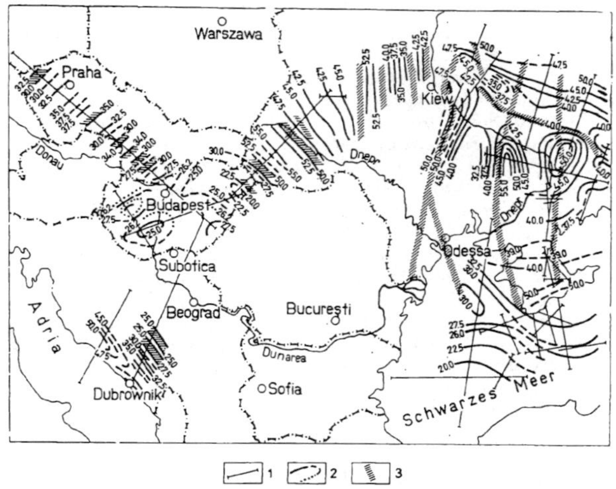

Abb. 13. Struktur der MOHOROVIČIĆ-Diskontinuität

1 — STS-Profile; 2 — Isolinien der MOHOROVIČIĆ-Diskontinuität; 3 — Tiefenbrüche

verschiedenen Winkeln einfallen (z. B. in der Dnepr—Donez-Senke). Die meisten Tiefenbrüche zeigen sich in gewissem Maße auch in dem oberen Teil der konsolidierten Kruste als Brüche, Flexuren, Antiklinalen und Synklinalen u. a., wo ihre Erscheinungsformen in den einzelnen geologischen Gebieten unterschiedlich sind. So sind die ältesten Brüche in der MOHOROVIČIĆ-Diskontinuität auf dem Ukrainischen Schild mit jungproterozoischen Geosynklinalen des Kriwoj-Rog- und Orechowo—Pawlograd-Types verbunden. Hier entwickelten sich Geosynklinalen, die aus metamorphosierten sedimentär-vulkanischen Gesteinen bestehen. Es entstehen hier Eisenerz- und andere Lagerstätten.

Wahrscheinlich gibt es auch im Nordwestteil des Schildes analoge Strukturen, und zwar bei Schepetowka und östlich des Korosten-Plutons (Odessa—Brusilow-Geosynklinale). Hier nimmt die Mächtigkeit der Erdkruste ähnlich wie in der Kriwoj-Rog- und Orechow—Pawlograd-Geosynklinale zu.

Kommen wir noch einmal auf das Profil Tanganrog—Kirowograd zurück. Auf diesem wurden 12 Brüche in der MOHOROVIČIĆ-Diskontinuität festgestellt, von denen ein Teil ohne Bedeutung ist.

Die westlichsten Brüche ‚2' und ‚3' trennen das Kirowograd-Innenmassiv von der Kriwoj-Rog-Geosynklinale, wobei sich der Bruch ‚3' gut in den oberflächennahen Schichten der Kruste widerspiegelt (KOSLOWSKAJA, OSHEGOWA 1958). Er verläuft an der Linie Sheltaja Reka—Kriwoj Rog (der sogenannte Kriwoj-Rog-Tiefenbruch).

Die Brüche ‚4', ‚5' und ‚6' gehören zu den Werchowsewo-Magnetanomalien. Alle bekannten geologischen Strukturen am linken Ufer des Dnepr und im Asow-Massiv spiegeln sich in der MOHOROVIČIĆ-Diskontinuität wider. So begleitet der Bruch ‚7' die Orechowo—Pawlograd-Struktur, der Bruch ‚8' die Korsak-Geosynklinale. In der Konsk—Jalynsk-Senke treten in der MOHOROVIČIĆ-Diskontinuität Störungen auf, die man in den oberflächennahen Krustenteilen wahrscheinlich infolge der großen Mächtigkeit der Sedimente nicht entdeckte.

Im östlichen Teil des Profils spiegeln sich das alkalische Oktjabrskoe-Massiv und der Kalmius-Bruch auch in der Struktur der MOHOROVIČIĆ-Diskontinuität wider. Man muß annehmen, daß einige Schildgebiete (Beloserka, Werchowsewo) eine sehr dünne „Granit"schicht, aber dafür eine sehr mächtige „Basalt"schicht aufweisen. Hier gab es auch viele Diffraktionspunkte, die wahrscheinlich von einem Eindringen basischer Gesteine in die „Granit"schicht zeugen. Neben den meridionalen Tiefenbrüchen existieren breite und überbreite Brüche, die meist von jüngeren Bildungen begrenzt werden. So ist der Dnepr—Donez-Graben in der MOHOROVIČIĆ-Diskontinuität von zwei Brüchen begrenzt, die zu den Randbrüchen des Fundaments dieses Grabens gehören. Auf einigen Profilen in der Dnepr—Donez-Senke und im Donbass existiert noch ein Tiefenbruch, der etwa im Zentrum des Grabens liegt. An diese Brüche sind in der Sedimentschicht großflächige Erdöl- und Erdgasstrukturen gebunden wie Glinsk—Rosbyschewsk, Soloch, u. a. Diese Randbrüche werden bekanntlich von vielen Erdöl- und Erdgaslagerstätten begleitet.

Der südliche und südwestliche Teil der Russischen Plattform werden von Tiefenbrüchen begrenzt. Allgemein fallen diese Brüche, die die Russische Tafel begrenzen, in nördlicher Richtung ein (in ziemlich großer Entfernung von den Karpaten bis zum Stawropol-Bogen), d. h. unter der Plattform. Dieser Tiefenbruch tritt an einigen Stellen deutlich an der Grenze des Kristallins hervor (Karpatenvorland, Krimsteppe). In anderen Gebieten konnte er nicht festgestellt werden (Indol—Kuban-Vorland). In den Sedimentablagerungen findet man überall Flexuren oder Antiklinalen, die von Lagerstätten begleitet werden. So ist im Vorkaukasus der Tiefenbruch, der die Russische Plattform begrenzt, mit reichen Erdgaslagerstätten verbunden (Leningrader Struktur u. a.).

In den Vorkarpaten an der Grenze zur Russischen Tafel liegen viele Schwefellagerstätten. Bei Genitschesk und auf der Perekop-Landenge gibt es bekanntlich Erdgas usw. Der Tiefenbruch, der von den südwestlichen Karpaten begrenzt wird, wurde in dem oberen Teil der konsolidierten Kruste genau untersucht. Es ist die sogenannte Wygorlat—Gutin-Kette, in die Gesteine intrudierten. Ein Tiefenbruch im NE der Karpaten, der im Innern des Karpatenvorlandes verläuft, zeigt eine ganz andere Erscheinungsform. Hier sind dieselben intensiven vulkanischen Wirkungen wie in den SW-Karpaten zu beobachten. Dieses Gebiet ist aber durch große Salzablagerungen und Erdöl- und Erdgaslagerstätten gekennzeichnet. So treten die Haupttiefenbrüche in der Sedimentdecke meist als Brüche, Antiklinalen, Flexuren o. a. auf. Doch nicht alle aufgezählten Strukturen zeugen vom Vorhandensein von Tiefenbrüchen. Außerdem werden die Tiefenbrüche von allen möglichen Lagerstätten begleitet. Verständlicherweise treten in Bruchzonen Intrusivgesteine mit den entsprechenden Bodenschätzen auf, aber es bleibt vorerst noch unklar, warum an die gleichen Brüche Lagerstätten gebunden sind, die nicht mit Intrusiva zusammenhängen (Salzablagerungen, Erdöl- und Erdgaslagerstätten u. a.). Man muß annehmen, daß die Entstehung der Tiefenbrüche und die damit zusammenhängenden Prozesse nicht nur in den verschiedenen Tiefenzonen, sondern auch längs eines Tiefenbruches unterschiedlich waren, was auch zur Inhomogenität des obersten Teiles der konsolidierten Kruste und zur Bildung unterschiedlicher Bodenschätze führte. Aller Wahrscheinlichkeit nach ist die Ursache dieser Inhomogenität in erster Linie die unterschiedliche Zusammensetzung des oberen Mantels.

Zusammenfassung

Im Südwesten der UdSSR treten drei Typen der Erdkruste auf:

a) Charakteristisch für die Innenmassive und Plattformen ist die fast horizontale Lage der seismischen Horizonte.

b) In den Senken verdünnt sich die Kruste dadurch, daß die Mächtigkeit der „Basalt"schicht abnimmt.

c) Unter den Gebirgen ist die Kruste stärker, da die „Basalt"schicht mächtiger ist.

Auf dem Ukrainischen Schild ändert sich die Krustendicke von 30—60 km. Das trifft auch für jüngere Strukturen zu. Eine Zunahme der Kruste ist unter ehemaligen proterozoischen Gebirgen zu verzeichnen.

Der „Ausgleich" der Kruste geht in jüngeren Bildungen schneller vor sich als in älteren (proterozoischen). Eine isostatische Kompensierung ist in letzteren nicht zu beobachten.

Fast alle Tiefenbrüche zeigen sich in den oberflächennahen Schichten als Antiklinalen oder andere Strukturen, die von vielen Lagerstätten begleitet werden.

Резюме

На юго-западе СССР наблюдаются три типа земной коры:

а) характерным для срединных массивов и платформ является почти горизонтальное расположение сейсмических горизонтов,

б) в прогибах наблюдается уменьшение мощности коры в связи с уменьшением мощности „базальтового" слоя,

в) под горными сооружениями кора имеет большую мощность, так как „базальтовый" слой имеет большую мощность.

На Украинском щите толщина коры изменяется от 30 до 60 км. Это относится к более молодым структурам. Увеличение толщины коры отмечается под бывшими протерозойскими горными сооружениями.

„Выравнивание" коры в более молодых образованиях совершается быстрее, чем в более древних (протерозойских). Изостатическое компенсирование в последних не наблюдается.

Почти все глубинные разломы в приповерхностных слоях проявляются в виде антиклиналей или других структур, которые сопровождаются многими месторождениями.

Summary

Three types of the earth's crust are observed in the south-west of the U. S. S. R., viz.

a) A characteristic feature of the internal massifs and platforms is the almost horizontal position of the seismic horizons.

b) In the depressions the crust is thinned by a decreasing thickness of the "basaltic" layer.

c) Below the mountains the crust is stronger because the "basaltic" layer is thicker.

On the Ukrainian shield the thickness of crust changes from 30 to 60 km, which also applies to younger structures. An increased crust can be stated below former Proterozoic mountains.

In younger formations the crust is "compensated" more rapidly than in older (Proterozoic) ones. In the latter an isostatic compensation is not observed.

In the layers near the surface almost all fractures of depth present themselves as anticlines or other structures accompanied by many deposits.

Literatur

BELEWTSCHEW, J. N.: Probleme der Metallometrie der Ukraine. — Isd. Naukowa dumka, S. 1—254, Kiew 1964.

BONDARTSCHUK, W. G.: Tektonik der Karpaten. — Isd. AN SSSR, 1—114, Kiew 1962.

GLUSHKO, W. W., I. F. KLITOTSCHENKO, W. N. KRAMARENKO, S. P. MAKSIMOW & M. W. TSCHIRSKAJA: Die Geologie der Erdöl- und Erdgaslagerstätten der Ukrainischen SSR. — S. 1—305, Moskau 1963.

KOSMINSKAJA, I. P. Gegenwärtige Probleme der seismischen Tiefensondierung. — Geofis. sbornik AN USSR, Nr. 15, S. 34—46 (1966).

SEMENENKO, N. P.: Geologisch-tektonische Karte des kristallinen Ukrainischen Schildes. — Isd. AN USSR (1964).

SOLLOGUB, W. B.: Ergebnisse seismischer Tiefensondierungen in der Ukraine. In Sammelbd.: Geophysikalische Untersuchungen des Aufbaus der Erdkruste in S-Europa. — 5, 8—20, Moskau 1967.

— Die Natur seismischer Grenzen der Erdkruste. — Geofis. sbornik AN USSR, Nr. 25, 5—18 (1968).

SUBBOTIN, S. J., G. L. NAUMTSCHIK & J. M. RACHIMOWA: Der Erdmantel und die Tektogenese. — Isd. Naukowa dumka, Kiew 1968.

WYLLIE, P. I.: The Mohorovičić-discontinuity and the orogenic cycle. — Trans. amer. geophys. Union, 44, 4, 1064—1072 (1963).

Zeitschrift für angewandte Geologie, Bd. 16 (1970), Heft 2

JAROSLAV ŽEŽULKA

Zu einigen Fragen der Entwicklung der Weltrohstoffbasis

Referiert von KURT KAUTER, Berlin

In diesem Artikel bemüht sich der Autor, die Entwicklung und Nutzung der Weltrohstoffbasis in der Vielzahl der sie beeinflussenden Faktoren, objektiver und subjektiver, veränderlicher und unveränderlicher, möglichst allgemeingültig darzustellen. Sein Bezugsjahr ist 1966. Das hat den Vorteil, daß die bereits abgeschlossenen Ereignisse leichter überschaubar sind; sein Nachteil besteht darin, daß vielfach Trends und Tendenzen aufgezeigt werden, die inzwischen als allgemein bekannt gelten können. Im folgenden seien einige wichtige Erkenntnisse aus diesem Aufsatz zusammengestellt.

Zu den langlebigen Tendenzen, die über mehrere Jahrzehnte bis Jahrhunderte die Entwicklung bestimmen, gehören u. a. die Verminderung der Qualität der Rohstoffe; die Steigerung ihrer Gewinnungsmenge bei gleichzeitiger Abänderung in der Reihenfolge der Bedeutung einzelner Rohstoffarten; Veränderungen im Anteil der einzelnen Staaten an der Weltproduktion mineralischer Rohstoffe, die aus deren ökonomischer Entwicklung herrühren; das Anwachsen der Entfernungen zwischen den Rohstoffquellen und den Verbraucherzentren bei fortschreitender Konzentration der Vorräte; die Monopolisierung der Gewinnung und Verarbeitung mineralischer Rohstoffe; das sich steigernde Interesse an abgelegenen Bereichen des Festlands und das Interesse an mineralischen Rohstoffen des Meeresbodens.

Kurzlebige Tendenzen machen sich in der Regel über mehrere Jahre, aber auch mehrere Jahrzehnte, z. B. durch den Übergang zu neuen, bisher nichttypischen Rohstoffen, durch Veränderungen im Sortiment der Rohstoffe, in deren gegenseitigen Austausch und Ersatz, durch Veränderungen in der Rohstoffgewinnung und Verarbeitung, bemerkbar, die auf die Entwicklung neuer Mechanismen und Methoden zurückzuführen sind. Kurzlebige Tendenzen werden auch durch Veränderungen in der Rohstoffsituation charakterisiert, die durch kriegerische Konflikte, Wirtschaftskonjunkturen und Weltwirtschaftskrisen bedingt sind.

Als Konjunkturschwankungen sind solche Veränderungen anzusprechen, deren kurzzeitige Amplitude bei der Einschätzung der Perspektiven einer Rohstoffbasis gewöhnlich ein vorausgehendes Ausgleichen erforderlich macht. Sie haben ihre Ursache häufig in Spekulationen, Börsenmanipulationen, Monopolbildungen etc.

Langlebige Tendenzen in der Weltförderung mineralischer Rohstoffe

Nach einer Schätzung des Autors aus nicht näher genannten Quellen beträgt das Volumen mineralischer Rohstoffe, das 1966 aus den Tiefen der Erde gefördert wurde, 6,7 km³. Zählt man die Förderung aus Abraum und Aufschluß hinzu, so erhöht sich diese Zahl auf annähernd 10 km³ Gestein (Tab. 1).

Tab. 1. Volumen der im Jahre 1966 geförderten mineralischen Rohstoffe

Rohstoffgruppe	Art des Rohstoffs	Volumen der Rohstoffförderung	Volumen der Förderung taub. Gesteins	Vol. des ges. geförd. Gesteins
Brennstoffe	Erdöl	1,60	–	1,60
	Erdgas	0,80	–	0,80
	Steinkohle	1,74	0,58	2,32
	Braunkohle	0,58	1,24	1,82
Erze	Eisenerze	0,30	0,18	0,48
	übrige Erze	0,48	1,11	1,59
Nichterze	Baustoffe	0,72	0,07	0,79
	übrige Nichterze	0,45	0,23	0,68
	gesamt			10,08

Das Fördervolumen aller Hauptarten mineralischer Rohstoffe ist — abgesehen von kurzlebigen Konjunkturschwankungen — in einer ständigen Aufwärtsentwicklung begriffen. Während Kohle, Eisen, Kupfer, Blei, Zink, Zinn, Gold etc. durchweg eine ruhige Entwicklung aufweisen, zeigen andere Rohstoffe beachtenswerte, kurzfristige Veränderungen. Dies betrifft besonders Nickel, Magnesium, Aluminium, Spurenelemente und bis zu einem gewissen Grade auch Erdgas, die infolge ihrer spezifischen Eigenschaften neue Verwendungen in der Industrie finden. Nach Unterlagen des Autors braucht die Industrie für die Einführung einer neuen Rohstoffart 20 bis 50 Jahre, wobei sich dieser Zeitraum ständig verkürzt und sich bei einigen Spurenelementen (Ta, Ge, Be) um zehn Jahre und weniger bewegt. Die Ursache dieser Beschleunigung ist der Aufschwung in der Aufbereitung und der Hüttenindustrie.

Der Anteil der einzelnen Rohstoffarten an der Weltförderung verändert sich ständig. Bei einem insgesamt konstanten Anteil der energetischen Rohstoffe um 60% hat sich der Anteil der klassischen Metalle in den letzten hundert Jahren von 40% auf 25% vermindert, was allerdings durch den Förderanstieg von Nichterzrohstoffen und einigen Metallen (Aluminium, Magnesium, Spurenelementen) kompensiert wird, deren Anteil auf 15% gesteigert wurde. Tab. 2 gibt charakteristische Änderungen in der Reihenfolge der fünf Hauptarten wieder.

Der Anteil der Erdölförderung wird sich etwa bis Ende der sechziger Jahre auf Kosten der Kohle steigern. Von den fünfziger Jahren an wird die Förderstruktur der energetischen Rohstoffe durch eine ständig wach-

Aus: „Geologický průzkum", 11 (1969), H. 4.
Übers.: W. GRÖSSL, Berlin.

sende Nachfrage nach Erdgas und spaltbarem Material beeinflußt. Im Bereich der Schwarz- und Legierungsmetalle setzen sich Forderungen für eine qualitätsmäßige metallurgische Produktion in Form eines intensiven Förderanstiegs von Legierungszusätzen (Mo, Ni, Cr, Co) durch. Einen langsameren Förderanstieg bei Wolfram kann man durch dessen allmählichen Ersatz durch Molybdän erklären. Das Zurückbleiben der Eisenerzförderung hängt mit der Nachfrageverminderung und einer gesteigerten Nutzung von sekundären Metallquellen zusammen. Bei den Buntmetallen dominiert z. Z. ein Förderanstieg von Rohstoffen für die Produktion von Magnesium, Aluminium und Nickel; der Anteil der übrigen Metalle an der Weltförderung ist insgesamt konstant. Mit dem Fortschritt in der Elektro- und der Radiotechnik steigt die Erzeugung von Silber, Gold und Platin; mit der Raketen- und der Kosmostechnik ist eine Fördersteigerung von Beryll, Tantal, Zirkon und Lithium verbunden, und mit der fortschreitenden Automatisierung und der technischen Revolution in der Herstellung mancher Produkte steigt die Förderung von Quecksilber, Platin und einer Reihe von Spurenelementen.

Tab. 2. Änderungen in der Reihenfolge der fünf Hauptarten mineralischer Rohstoffe in den Jahren 1860 bis 2000

Jahr	1. Stelle	2. Stelle	3. Stelle	4. Stelle	5. Stelle
1860	Kohle 54%	Gold 20%	Eisen 10%	Blei – Zink 7%	Kupfer 5%
1900	Kohle 56%	Eisen 10%	Gold 7%	Blei – Zink 6%	Kupfer 6%
1950	Erdöl 36%	Kohle 29%	Kupfer 8%	Eisen 7%	Gold 4%
2000	Gas 17%	Erdöl 16%	Kohle 11%	Uran 10%	Gold 7%

Typisch für die derzeitige Rohstoffbasis der Welt sind die Konzentration eines überwiegenden Teiles der nachgewiesenen Vorräte der einzelnen Rohstoffarten in wenigen Lagerstätten und die Konzentration der Weltförderung in einigen Staaten. So sind z. B. 76% der Kupfererze Chiles in zwei großen Lagerstätten, 21% der Kupfererze in sechs mittleren konzentriert, während auf alle übrigen Lagerstätten nur 3% der nachgewiesenen Vorräte entfallen. In der UdSSR entfallen 70% der nachgewiesenen Erdölvorräte auf zehn Großlagerstätten, ungefähr 20% auf mittlere, und ca. 10% der Vorräte verteilen sich auf einige hundert kleine Objekte. Eine ähnliche Situation bei anderen Rohstoffen in einer Reihe von Staaten berechtigt zu der Ansicht, daß in der Regel der größte Teil der Rohstoffvorräte (zwei Drittel und mehr) auf einige (in der Regel bis zehn) Großlagerstätten konzentriert ist, während die Bedeutung einer großen Anzahl von kleinen Objekten so gut wie vernachlässigt werden kann. Ähnliche Verhältnisse herrschen deshalb auch in der Weltförderung, wo mehr als 70% der Weltproduktion der mineralischen Hauptrohstoffe (mit Ausnahme von Eisenerzen) in 5 bis 6 Staaten konzentriert sind, wobei eine Reihe von Rohstoffen (Erdgas, Nickelerze, Gold, Schwefel, Glimmer) überwiegend in einem Lande gefördert wird.

Veränderungen des Metallgehalts in den geförderten Erzen

Die Metallgehalte in den geförderten Erzen — von kurzlebigen Konjunkturschwankungen abgesehen — vermindern sich systematisch. Die objektiven Ursachen hierfür stellen die allmähliche Erschöpfung reicher Lagerstätten, die Steigerung des technischen Niveaus der Gewinnung und Aufbereitung der Erze, das technische Wachstum im Transport und die Verarbeitung der Erze und Konzentrate dar. Als subjektive Faktoren seien die ständige Monopolisierung der Förderung und Verarbeitung der Rohstoffe in Mammutkonzernen und die Marktregulierung erwähnt, die die Förderung von immer geringerhaltigen Rohstoffen ermöglichen. Allgemein gilt die Regel, daß die niedrigsten Gehalte in den industriell entwickelten Ländern gefördert werden, deren Qualitätsniveau sich mit einer bestimmten zeitlichen Verspätung den Rohstoffen in den industriell weniger entwickelten Bereichen nähert. Zur Kennzeichnung dieser Tendenz unterstreicht der Autor die Tatsache, daß z. B. der absolute Unterschied zwischen den höchsten und niedrigsten Kupfergehalten in den geförderten Kupfererzen im Jahre 1890 ungefähr bei 15% lag und sich z. Z. um 3% bewegt; er verminderte sich also auf ein Fünftel.

Der Einsatz der Atomenergie bei der Förderung mineralischer Rohstoffe

Nach Prognosen der Internationalen Atomkommission sollen um das Jahr 1970 die Produktionskosten von Atomkraftwerken in den USA niedriger liegen als die der klassischen Wärmekraftwerke. Eine analoge Situation soll wenig später in den sozialistischen Staaten eintreten. Dieser Faktor wird mit einem Anwachsen des Anteils der Atomenergie in der Energiebilanz die Situation der Rohstoffbilanz grundlegend beeinflussen. Er enthüllt im besonderen für die Produktion der energetisch aufwendigen Metalle Aluminium, Magnesium, Quarz, Alkalien und Titan neue Perspektiven bei der Nutzung von Lagerstätten in schwer zugängigen Gegenden, die oftmals weit von den Industriezentren entfernt sind.

Eine Reihe von Gesellschaften kapitalistischer Länder, die klassische Metalle (Eisen, Kupfer, Zink, Blei) herstellen, legt bereits einen Teil ihrer Investitionen in der Aluminiumproduktion an, deren Konjunktur sich weit günstiger auswirkt. Die Entwicklung der Atomenergetik kann zur Ausweitung der Herstellung von Magnesium beitragen, das in seiner Bedeutung in nächster Zukunft das Aluminium einholen kann. Der Bau von Atomkraftwerken in schwer zugängigen Gegenden ohne natürliche Energiequellen ermöglicht die Nutzung von reichen, z. Z. jedoch nicht nutzbaren Lagerstätten.

Zu Problemen der Exportdevisenerlöse von Entwicklungsländern

Industriell wenig entwickelte Länder stellen die Hauptrohstofflieferanten für die USA und die Länder Westeuropas dar. Trotz gewisser Erfolge bei den

Devisenerlösen durch Exporte der Entwicklungsländer bestehen diese z. Z. zu 88% aus Rohstoffexporten. Einer der Hauptausfuhrartikel dieser Staaten sind Kaustobiolithe, deren Anteil am gesamten Rohstoffexport von z. Z. 27% auf 38% im Jahre 1975 gesteigert werden soll. Der Exportanteil an Erzen und Konzentraten bewegt sich z. Z. um 20% und wird sich auf Kosten landwirtschaftlicher Produkte weiter steigern. Nach einem Programm von UNO-Experten sollen der Buntmetallexport der Entwicklungsländer bis zum Jahre 1975 jährlich um 3,9 bis 4,2% und der Export der Brennstoffe um 7,5 bis 8% gesteigert werden.

Die geringe geologische Erforschtheit und das enge Sortiment der Entwicklungsländer sind die Ursache für deren Abhängigkeit von Konjunktureinflüssen. Trotz verschiedener eigener Schutzmaßnahmen verschlechtert sich die Marktfähigkeit dieser Staaten jährlich um ca. 1% = ca. 240 Mill. Dollar. In der Gegenwart machen sich allerdings Auswirkungen eines wirtschaftlichen Wachstums der Entwicklungsländer bemerkbar, das durch den Übergang vom Förderstadium zur metallurgischen Etappe begleitet wird.

Die Folgen dieses Übergangs können am Beispiel Zinn beobachtet werden. Das Volumen der Zinnkonzentrate auf den Weltmärkten verminderte sich im Jahre 1964 auf 43% gegenüber 1938 und sinkt weiter ab.

Einige weitere Tendenzen in der Entwicklung der Weltrohstoffbasis

Bei einer Reihe von Rohstoffen kann man in letzter Zeit ein wachsendes Interesse an nichttypischen, bislang nicht genutzten Quellen, Mineralen und Lagerstätten beobachten. Diese Tendenz kommt sowohl bei durch die Industrie weniger erprobten Metallen (z. B. der Übergang von Beryll- zu Phenakit-Bertrandit-Erzen, deren Konzentrate 3- bis 4mal mehr BeO enthalten, von den Tantalitgreisen zu den hundertmal reicheren Hatchettolithkarbonatiten) als auch bei den durch die Industrie schon lange genutzten Rohstoffen zum Ausdruck (Übergang zu massenweise vorkommenden, jedoch sehr armen Fe-, Cu-, Sn-Erzen, Nutzung von stark mineralisierten Grund- und Oberflächenwässern sowie Nutzung der Rohstoffe des Meeresbodens).

Die allgemeine Minderung der geförderten Rohstoffqualität bedingt den weltweiten Übergang von der Untertagegewinnung zum Tagebau (Tagebau mit einer Tageskapazität von 6000 bis 10000 t Erz, 40000 bis 50000 t Kohle). Typisch sind auch Bemühungen um eine Verkürzung der Erkundungszeiten auf Kosten einer Risikosteigerung der Investbauten. Detaillierter (bis zur Klasse C_1) wird lediglich der Teil einer Lagerstätte erkundet, der eine 2- bis 3jährige Tätigkeit des Förderbetriebs sichert, wodurch sich die gesamte Amortisationszeit des Betriebs bis auf 3 bis 6 Jahre verkürzt.

Besprechungen und Referate

Ontogenie der Minerale, Typomorphie der Minerale und genetische Mineralogie

In den letzten Jahren sind in der Sowjetunion drei Begriffe der Mineralogie hervorgetreten, für die sich eine gemeinsame Besprechung lohnt, zumal sie den deutschen Fachkollegen zum Teil unbekannt sind. Die Ziele und Ergebnisse dieser Disziplinen sind u. a. in folgenden Veröffentlichungen niedergelegt:

1. BARABANOW, W. F.: Lektionen über Genetische Mineralogie, Bd. I, 190 Seiten, Verlag Leningrader Universität, Leningrad 1969 (russ.).

2. GRIGORIEW, D. P.: Die Ontogenie der Minerale (1. Aufl.), 284 Seiten, Verlag Universität Lwow, Lwow 1961 (russ.).

3. TSCHUCHROW, F. W. (Chefredaktion): Der Typomorphismus der Minerale, 244 Seiten, Verlag Nauka, Moskau 1969 (russ.).

In dem 1. Band der „Genetischen Mineralogie" definiert Prof. BARABANOW das Mineral als Produkt eines geochemischen Prozesses. Im Rahmen der Mineralogie mit ihren Aufgaben, die Zusammensetzung, Struktur, Eigenschaften und Vorkommen der Minerale zu untersuchen, hat die Genetische Mineralogie als „selbständige geochemische Disziplin" die Mineralbildungsprozesse und deren Chemismus zu bearbeiten. Die Mineralbildungsvorgänge (Mineralgenese) haben eine physikalische und eine chemische Seite. Die physikalische Seite wird durch die „Ontogenie der Minerale" überdeckt, in der die „Entwicklung (Geschichte) der Mineralindividuen und -aggregate" abgehandelt wird. Die chemische Seite wird in dem Buch von BARABANOW durch 11 Lektionen in Form der Mineralogie typischer magmatischer, pegmatitischer und pneumatolytisch-hydrothermaler Lagerstätten behandelt. Vorangestellt wird eine Lektion über die Entwicklungsetappen genetischer Vorstellungen in der Mineralogie. Der Schwerpunkt der einzelnen gesteins- und lagerstättenspezifischen Lektionen liegt auf der Beschreibung der Besonderheiten der Mineralbildung, Mineralform, Mineralzusammensetzung und Paragenese in Abhängigkeit vom Gesteins- und Lagerstättentyp.

Die „Ontogenie der Minerale" wurde als Buch von Prof. GRIGORIEW erstmalig 1961 herausgegeben, sie hat inzwischen weitere Auflagen in russischer und englischer Sprache erlebt. Die Ontogenie der Minerale wird als Grundlage der genetischen Mineralogie angesehen und hat zur Aufgabe, „die Entwicklungsprozesse der Mineralindividuen und -aggregate von der Mineralkeimbildung bis zu den gegenwärtigen Zustandsformen, in ihren Erscheinungsformen und in Abhängigkeit von den physikochemischen Umweltbedingungen" darzulegen. Das Buch gliedert sich in die folgenden Hauptkapitel:

1. Genesis der Minerale (Keimbildung)
2. Wachstum der Minerale
3. Veränderung der Minerale (physikalisch und chemisch)
4. Genesis der Mineralaggregate

In einem Sammelband über den „Typomorphismus der Minerale" werden unter der Redaktion von A. W. TSCHUCHROW, N. W. PETROWSKAJA und T. N. SCHADLUN (IGEM, Moskau) 10 Arbeiten über die Typomorphie einiger Minerale zusammengestellt.

Unter der Typomorphie der Minerale versteht TSCHUCHROW in Anlehnung an Vorstellungen von A. E. FERSMAN alle Eigenschaften der Minerale, die eine Aussage über ihre Entstehungsbedingungen und ihre Nutzung ermöglichen. Hier wird der Paragenese und Kristallform genau solche Beachtung geschenkt wie der Mikrohärte, den Gitterparametern, den optischen Eigenschaften sowie der Veränderung des Chemismus einschließlich der Neben- und Spurenelemente. Neben klassischen Methoden der Mikroskopie und chemischen Analytik werden Diffraktometrie, Elektronenmikroskopie, Mikrosondenanalyse, Infrarotspektroskopie und andere Methoden eingesetzt. Ziel der Untersuchungen ist die Herausarbeitung der genetischen Stellung von Lagerstätten und Gesteinen sowie ihre Beziehungen untereinander. Von besonderer Bedeutung sind die Untersuchungen zur Bindung und Verteilung der Neben- und Spurenelemente in den Mineralen, vor allem mittels der Elektronenmikroskopie und der Mikrosonde. Die hier gewonnenen Erkenntnisse sind auch eine dringend erwünschte Hilfe für die immer komplizierter werdenden Probleme der Mineraltrennung durch Aufbereitungsverfahren.

Die Arbeiten des Sammelbandes befassen sich mit der Typomorphie des Sphalerits, Goldes, Kassiterits, Antimonits, Monazits, Lovozerits und Feldspats in einigen Lagerstätten und Regionen der Sowjetunion. Für die genannten Minerale sind interessante physikalische und chemische Daten zu entnehmen.

Aus dieser kurzen Darstellung von Ziel und Inhalt der drei Bücher lassen sich folgende allgemeine Schlußfolgerungen ziehen:

1. Der mineralogischen Lehre und Forschung werden in der Sowjetunion große Bedeutung beigemessen.

2. Die drei genannten Disziplinen sind Teilgebiete der Mineralogie. Der betont genetische Aspekt führt zu einer weitgehenden Verwischung der Grenze zwischen Mineralogie und Teilgebieten der Geochemie.

3. Die mineralogische Forschung reicht weit in die petrogenetischen und lagerstättenkundlichen Bereiche und Probleme hinein; letztere sind ohne sie kaum zu lösen.

4. Als gleichberechtigt und wichtig wird das Studium der Wachstums- und Mineralformen angesehen, da sie in verstärktem Maße Möglichkeiten zur genetischen Aussage und zur Mineralnutzung eröffnen.

5. Bestimmte minerogenetische Vorgänge (minerogenetisch hier als mineralbildend im echten ursprünglichen Sinn) können nur noch mit modernsten Untersuchungsmethoden erfolgreich studiert werden, hierzu sind insbesondere isotopengeochemische Methoden sowie Mikrosonde- und elektronenmikroskopische Untersuchungen zu rechnen.

6. Eine Verarbeitung der sowjetischen Vorstellungen und Vorschläge für den mineralogischen Bereich der Geowissenschaften könnte im Lehrgebäude zu folgender Reihenfolge vom Einfachen zum Komplexen führen:

Kristallographische Mineralogie
↓
Systematische Mineralogie
↓
Ontogenetische Mineralogie
↓
genetische Mineralogie (einschließlich Typomorphie)

andere geowissenschaftliche Disziplinen	Petrographie ↓ Petrologie	andere geowissenschaftliche Disziplinen	Lagerstättenlehre ↓ Lagerstättengenese

Diese für viele Fachkollegen sicher z. T. banalen Feststellungen sind notwendig, da in den Diskussionen der letzten Jahre die Bedeutung und Wirksamkeit der Mineralogie für die Lösung geologischer Probleme vielfach abgewertet wurden. Wie die Tendenzen in der Sowjetunion zeigen, ist dort das Gegenteil der Fall. Ohne moderne und umfangreiche mineralogische Forschungen sind unsere geologischen Probleme nicht mit ökonomischem Aufwand zu lösen.

H. J. Rösler

Autorenkollektiv

Carte métallogénique de l'Europe 1:2500000

1. Auflage 1968—1970

Unter dem Patronat der Internationalen Union der Geowissenschaften und des Internationalen Geologenkongresses hat eine Subkommission für die Metallogenetische Karte als Zweigorganisation der Kommission für die Geologische Karte der Welt die Bearbeitung einer Metallogenetischen Karte von Europa 1:2,5 Mill. in Angriff genommen. Das auf 9 Blätter aufgeteilte Gebiet von Europa umfaßt noch Teile von Nordafrika, Kleinasien, Arabien, Iran und den Ostteil von Westsibirien. Es ist größtenteils nach den einzelnen Staaten in 42 redaktionelle Zonen gegliedert, in denen die regionalen Mitglieder des Redaktionskomitees ihre Beiträge nach der von dem Redaktionsbeirat, unter dem Vorsitz von Pierre Laffitte, Paris, ausgearbeiteten Legende erarbeiteten. Die redaktionelle Zusammenstellung und kartographische Bearbeitung der Einzeldaten erfolgte in einem Sekretariat in Paris, das aus Mitarbeitern des Bureau de Recherches Géologiques et Minières und der Ecole Nationale Supérieure des Mines bestand.

Dem Redaktionsbeirat gehören E. T. Schatalow, L. Dubertret, F. W. Dunning, H. R. von Gaertner, V. Marmo, A. Moretti, R. Osika, W. E. Petraschek und V. Zoubek an. Als Herausgeber zeichnen das Bureau de Recherches Géologiques et Minières (BRGM), 74, Rue de la Fédération, Paris 15e, und die Organisation des Nations Unies pour l'Education, la Science, la Culture (UNESCO), 1, Place de Fontenoy, Paris 7e.

Der Begriff Metallogenetische Karte ist mehr im Sinn einer Minerogenetischen Karte gefaßt, indem außer Metallerzen auch Nichterze, Salze und einige wichtige nutzbare Minerale einbezogen werden. Als Grundlage der minerogenetischen Darstellung dient eine vereinfachte geotektonische Karte, in der die verschiedenen Strukturetagen in verschiedenfarbigen feinen Strichrastern gekennzeichnet sind. Durch verschiedenfarbige gröbere Strichraster wird die stratigraphische Einstufung der Schichtenfolgen dargestellt. In großen Becken wird die Tiefenlage des Sockels durch Tiefenlinien gekennzeichnet, ferner werden Antiklinal- und Synklinalachsen, wichtige Störungen, Verwerfungen und Überschiebungen sowie bemerkenswerte geophysikalische Daten eingetragen. In Meeresgebieten sind Tiefenlinien von 200 und 2000 m verzeichnet und die einzelnen Tiefenbereiche verschieden hellblau gerastert. Lithologische und petrographische Daten sind durch verschiedenartige und verschiedenfarbige Symbole, Strichelungen, Punktierungen und Formkombinationen dargestellt.

Die Lagerstättenangaben sind in farbigen Deckfarben auf den geologisch-tektonischen Untergrund aufgetragen, so daß sie diesem gegenüber stärker betont werden. In jeder redaktionellen Zone sind die einzelnen dargestellten Lagerstätten durch laufende Nummern gekennzeichnet, unter denen man in einem Erläuterungsheft die Koordinaten, den Namen und Angaben über den Stoffbestand der Lagerstätte findet. Außer den relativen Altersangaben für die Gesteinsverbände, die durch ihre Zugehörigkeit zu orogenen Phasen oder zu stratigraphischen Einheiten charakterisiert werden, finden sich vielfach auch Angaben in Jahrmillionen für die Lagerstätten und ihr Nebengestein. Aus den kombinierten farbigen Lagerstättensymbolen mit daneben vermerkten Kurzbezeichnungen des wichtigsten Stoffbestands können Angaben über Form, Größe, Lagerstätteninhalt, Chemismus und genetischen Typ entnommen werden. Nach der Größe der Symbole können große und kleine Lagerstätten sowie Vorkommen unterschieden werden. Durch grobe Strichlagen mit entsprechender Umrandung werden Erzdistrikte und Metallprovinzen herausgehoben.

In dem zu den einzelnen Kartenblättern beigegebenen Katalog der Lagerstätten (Liste des Gîtes Minéraux) sind drei Übersichten über die in der Karte dargestellten Lagerstätten enthalten. Die erste Übersicht erläutert die eingeschriebenen Nummern der Lagerstätten und bringt Angaben über die Lage (Länge und Breite), den Namen und den charakteristischen Stoffbestand. Zweitens werden in einer alphabetischen Übersicht die Namen der Lagerstätten blattweise gegeben. In einer dritten Übersicht erfolgt eine Ordnung nach dem Lagerstätteninhalt.

Auf Blatt 1 liegen Island und nördliche Abschnitte von Irland und Schottland. In Island sind 9 Lagerstätten und in den Teilen der Republik Irland 3 und von Schottland und Nordirland 23 Lagerstätten eingetragen.

Das Blatt 4 umfaßt den größten Teil von Irland, England sowie den Südteil von Schottland, den Westteil der Benelux-Länder (Niederlande, Belgien und Luxemburg), Frankreich, westliche Streifen der Schweiz und Italien sowie die Nordteile von Spanien und Portugal. In Irland sind noch weitere 33 Lagerstätten eingetragen, so daß zusammen mit dem auf Blatt 1 liegenden Nordteil insgesamt in der Republik Irland 36 Lagerstätten aufgeführt sind. In Großbritannien (einschließlich Nordirland und Schottland) sind insgesamt 138 Lagerstätten erwähnt. Im Westteil der Benelux-Länder sind 17 Lagerstätten verzeichnet, im Westteil der Schweiz eine und Italiens zwei. In Frankreich sind 361 Lagerstätten eingetragen, im N von Spanien 159 und im N Portugals 65.

Die ersten beiden Blätter der Metallogenetischen Karte von Europa sind vom Institut Géographique National gezeichnet und gedruckt worden. Die Vervielfältigung erfolgte in Serigraphie. Die zeichnerisch und drucktechnisch schwierigen Probleme der Herstellung einer gut lesbaren Metallogenetischen Karte sind ausgezeichnet gelöst worden, und man kann Prof. LAFFITTE und seinen Mitarbeitern für die hervorragende Leistung aufrichtig dankbar sein. Die Fachwelt erwartet mit Spannung das Erscheinen weiterer Blätter dieser wertvollen Übersichtskarte. H. REH

Autorenkollektiv

Deep Sea Drilling Project
Leg 3 and Leg 4

„Geotimes", 14, (1969), 6, 13—16

Nachdem die ersten beiden Bohrreisen des Bohrschiffs „Glomar Challenger" von New Orleans nach New York sowie von dort über den Atlantik bis Dakar erfolgreich verlaufen waren (vgl. Z. angew. Geol., **15**, H. 8, 441—442, u. H. 11, 607) wurde die Untersuchung der Meeresböden in weiteren Bohrreisen fortgesetzt.

Bohrreise 3 (Dakar—Rio de Janeiro)

Auf der 3. Bohrreise wurden in der Zeit vom 1. Dez. 1968 bis 25. Jan. 1969 10 Bereiche (Bohrpunkte 13—22) (Abb.) im südlichen Atlantik mit 17 Bohrungen und Wiederholungsbohrungen untersucht. Diese in Meerestiefen von 2113 bis 4677 m angesetzten Erkundungsbohrungen drangen 6,4 bis 463 m tief, insgesamt 2306,1 m, in den Meeresboden ein. Dabei wurden 106 Bohrkerne in einer Gesamtlänge von 834 m gezogen, wovon 765,1 m entsprechend dem außergewöhnlich guten Kernausbringen von 91,7% geborgen wurden.

Die Bohrungen 13 und 13 A (Abb.) waren zur Untersuchung der Sierra-Leone-Erhebung bei einer Wassertiefe von 4585 m angesetzt. An den letzten beiden Bohrpunkten 21 und 22 wurden in Meerestiefen von 2113 bzw. 2124 m drei Bohrungen zur Untersuchung der Rio-Grande-

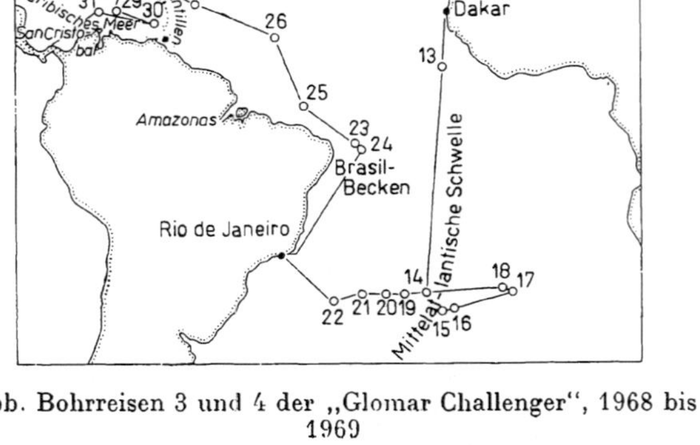

Abb. Bohrreisen 3 und 4 der „Glomar Challenger", 1968 bis 1969

Erhebung niedergebracht. An den restlichen 7 Bohrplätzen (14—20) wurden 12 Bohrungen angesetzt, die quer über die südliche Mittelatlantische Schwelle gelagert waren, die durch streifenartig zur zentralen Rückenachse angeordnete magnetische Anomalien gekennzeichnet ist. Da die Sedimente nur eine dünne, relativ gleichmäßige Hülle bilden, bestehen günstige Bedingungen zur Überprüfung der Vorstellung einer Ausbreitung der Meeresböden.

Die Bohrungen über die Mittelatlantische Schwelle hinweg (Bohrpunkte 14—20) ergaben 70—175 m mächtige Sedimente der Oberkreide bis zum Holozän, wobei die ältesten, den basalen Basalt überlagernden Sedimente mit 11 bis 67 Mill. Jahre örtlich verschieden alt waren. Eine überschlägliche Berechnung ließ während der letzten 70 Mill. Jahre eine Ausbreitung des Meeresbodens beiderseits der Mittelatlantischen Schwelle von etwa 2 cm im Jahr erkennen. Dabei zeigt sich, daß die stärkste Sedimentation gleich nach der Entstehung eines neuen Meeresbodens in der Nähe des Rückens auftrat, danach jedoch stark zurückging. Proben des unterlagernden Basalts konnten überall gewonnen werden, jedoch verhinderte die Härte des Gesteins ein Eindringen von mehr als ein Meter. Nach der Struktur des Gesteins ließen sich sowohl submarine Ergüsse als auch Lagergänge in den Sedimenten feststellen. Die Sedimente bauen sich größtenteils aus marinen Organismen auf und bilden vorwiegend Nannoplankton-Kalkschlick, manchmal auch Foraminiferen-Kalkschlick. Stellenweise wurden auch fossilfreie Tone angetroffen.

Auf der Sierra-Leone-Erhebung (Bohrpunkt 13) wurde ähnlich wie im westlichen Teil des Nordatlantiks ein größerer Wechsel der Sedimenttypen beobachtet, woraus auf schwankende klimatische Bedingungen und wechselnde Meeresströmungen geschlossen werden kann. Außer Nannoplankton-Kalkschlick, der zuweilen auch Foraminiferen enthält, wurden zeolithische Tone, Radiolarien-Schlick und -Hornsteine, rote Schiefertone und Dolomite festgestellt.

Auf der Rio-Grande-Erhebung (Bohrpunkt 21 und 22) wurde in der relativ geringen Wassertiefe von etwa 2100 m bis über 200 m tief vorwiegend Nannoplankton-Foraminiferen-Kreideschlick mit einem gegenüber der Mittelatlantischen Schwelle höheren Anteil an Foraminiferen angetroffen. Man vermutet, daß diese Erhebung seit der Kreide herausgehoben gewesen ist, wahrscheinlich sogar zeitweise einem Küstenbereich angehört hat.

Bohrreise 4 (Rio de Janeiro—San Cristobal)

Während der 4. Bohrreise wurden in der Zeit vom 27. Januar bis 24. März 1969 9 Bereiche des nordwestlichen Südatlantiks und des Karibischen Meeres (Bohrpunkt 23—31) (Abb.) untersucht. Damit sollten die Kenntnis der Becken am Kontinentalrand vertieft, die Ausbildung der Transversalstörungen der Mittelatlantischen Schwelle sowie der Inselbögen und Grabenzonen erkundet, ferner die geologische Geschichte des Karibischen Meeres untersucht werden. Zu diesem Zweck wurden 15 Bohrungen und Wiederholungsbohrungen in Meerestiefen von 1218 bis 5251 m niedergebracht, die, 66 bis 558 m tief, insgesamt 4137 m tief eindrangen. Dabei wurden 120 Bohrkerne in einer Gesamtlänge von 1076 m gezogen, von denen 369,5 m entsprechend einem Kernausbringen von 34,3% ausgebracht wurden.

Im Nordteil des Brasilianischen Beckens (Bohrpunkte 23 und 24) wurden Schichtenfolgen des Pleistozäns, des Pliozäns und des oberen Mittelmiozäns mit reichlich Foraminiferen und Nannofossilien über fossilfreien roten zeolithischen Tonen angetroffen. In etwa 110 m Tiefe zeigten sich Turbiditsande und -tone des unteren Miozäns, die wahrscheinlich dem Reflexionshorizont A entsprechen. Eine bei etwa 180 m in der miozänen Turbiditfolge durchbohrte geringmächtige Basaltlage könnte einen weiteren Reflexionshorizont darstellen. In Tiefen von 500 und 555 m wurden Radiolarien der Oberkreide festgestellt. In etwa 558 m Tiefe wiesen Basaltgerölle auf unterlagernden Basalt hin.

Zwei Bohrungen (Bohrpunkt 25) zur Untersuchung eines schmalen 1000 km langen Rückens am Fuße des Schelfs von Nordostbrasilien ergaben in 1916 m Wassertiefe 54 m Globigerinen-Schlick des Pleistozäns bis zum Obermiozän. Darunter konnten bei schlechtem Kerngewinn nur Kalkbruchstücke und sandiger Foraminiferen-Schlick mit Fossilien des mittleren und unteren Miozäns geborgen werden. Schließlich wurden in etwa 70 m Tiefe Fragmente eines Algen-Riffkalkes ausgebracht.

Eine in der Vema-Bruchzone (Bohrpunkt 26) in 5169 m Wassertiefe auf 483 m niedergebrachte Bohrung zeigte eine mächtige Folge von Turbiditen mittel- bis oberpleistozänen Alters, aus der eine Auffüllung dieses Bereichs vor der Amazonasmündung mit etwa 1 m pro Jahrhundert berechnet werden konnte. Einige Schichtenfolgen zeigten mehrere Zentimeter mächtige Bänder, die aus Pflanzenhäcksel bestanden.

Nordöstlich und nördlich des Inselbogens der Kleinen Antillen angesetzte Bohrungen (Bohrpunkte 27 und 28) dienten vor allem der Überprüfung der Tiefenlage bemerkenswerter seismischer Horizonte. Im Bohrpunkt 27 wurde in einer Meerestiefe von 5251 m unter fossilarmen Folgen in 70 m Tiefe ein Turbiditsand angetroffen, der dem seismischen Horizont A entspricht. In 245 m Tiefe wurde die Basis des Miozäns erkannt, und in 365 m Tiefe wurden grünliche Tone mit Nannoplankton des Oligozäns angetroffen. Darunter folgten in 455 m Tiefe bräunliche bis blaugraue Tone mit eingeschalteten Bentoniten, die der Oceanic-Formation von Barbados zugeordnet werden. Die Bohrung wurde in mäßig harten, kalkigen, radiolarienreichen bentonitischen Tonen eingestellt, die den harten Bänken an der Basis der Oceanic-Formation am Osthang des Mt. Hillaby auf Barbados ähneln, die in seismischen Profilen als Basishorizont erscheinen.

Der Bohrpunkt 28 war am Nordrand des Puerto-Rico-Grabens in 5521 m Tiefe ausgesucht worden. Zunächst wurden 150 m rötliche fossilfreie Tone durchbohrt. In einem Bohrkern von 165 bis 174 m zeigten sich in graugrünem Ton Nannoplankton und Radiolarien des mittleren Eozäns sowie zuunterst Kalkstein. Darunter folgte eine Wechsellagerung von harter Kreide, Tonstein und kieseligen Kalken in verschiedenen Farben, die im unteren Teil das untere Eozän erreichte. In 400 m Tiefe wurde schließlich grüner Tonstein mit Radiolarien der Kreide angetroffen.

Auf den letzten drei Bohrpunkten (29 bis 31), die im Karibischen Meer gelegen waren, wurden 6 Bohrungen in Wassertiefen von 1219, 3369 und 4247 m niedergebracht. Auf dem in 4247 m Wassertiefe im zentralen Teil des Venezuela-Beckens gelegenen Bohrpunkt 29 wurden zuoberst Sedimente mit Nannoplankton und Foraminiferen angetroffen. In 107 m Tiefe zeigte sich obermiozäne Kreide mit Foraminiferen, die von fossilleerem zeolithischem Tonstein unterlagert war. Von 122 bis 228 m wurde Radiolarien-Schlick des Eozäns beobachtet, dem Tuff und Aschen in verschiedenen Horizonten eingeschaltet waren. Darunter folgende Hornsteinlagen und kieselige Kalke setzten den Bohrungen ein Ende. Das Alter des seismischen Horizonts A″ gleicht dem des Horizonts A im Nordatlantik. Man hatte im Venezuela-Becken ein typisches stratigraphisches Profil, vollständiger als die Cipero-Formation von Trinidad, erwartet. Jedoch würde die Schichtenfolge zwischen 90 und 120 m Tiefe mindestens 20 Millionen Jahre repräsentieren und eine bemerkenswert geringe Absatzgeschwindigkeit ergeben oder einen beachtlichen Hiatus enthalten.

Der Bohrpunkt 30 zeigte bei 1218 m Wassertiefe in den oberen 305 m weiche Tone mit kalkigen Fossilien vom Pleistozän bis zum Pliozän. Zwischen 305 und 425 m wurden stärker verfestigte graue Schluffsteine des Miozäns angetroffen, die bis zu 20% Tonsubstanz enthalten und stellenweise kavernös ausgebildet sind. Mittleres Miozän ist zwischen 395 und 425 m durch Schlick und Sande mit *Globigerina* gesichert. Bänke vulkanischer Aschen wurden im unteren Teil des bis 430 m reichenden Profils festgestellt, jedoch scheinen vulkanische Produkte im Pleistozän eine noch größere Rolle zu spielen. Als Ursprungsbereiche des vulkanischen Materials kommen die Kleinen Antillen und die Aves-Schwelle in Frage.

Zur Untersuchung der Sedimente unter dem seismischen Horizont A″ wurde auf dem Bohrpunkt 31 in 3369 m Wassertiefe eine 325 m tiefe Bohrung niedergebracht. Sie ergab zunächst 207 m kalkigen Schlick, darunter bis 305 m verfestigte Kreide des unteren Miozäns und zuletzt einen fossilleeren Tonstein. Das Fehlen des A″-Horizontes in seismischen Profilen konnte nicht erklärt werden.

Am 12. April 1969 verließ die „Glomar Challenger“ San Diego in Kalifornien zur ersten Bohrreise im Stillen Ozean mit dem Ziel Honolulu. H. Reh

Neuerscheinungen und Literaturhinweise

Mahel, M., u. a.

Regionale Geologie der ČSSR. Teil 2: Die Westkarpaten
Verlag Academia, Prag 1968. – 724 S. (engl.)

Jeremenenko, N. A.

Die Erdöl- und Erdgasgeologie
Isd-wo Nedra, Moskau 1968. – 389 S., 159 Abb., 64 Tab.

Korenewskij, S. M.

Die Geologie der Salz- und Kalilagerstätten
Trudy Wsesojusn. nautschno-issled. geol. inst. WSEGEI, Leningrad 1968. 149 S.

Kowalew, W. F., u. a.

Die Bildung der chemischen Zusammensetzung und der Vorräte des Grundwassers des Urals
Gidro-geologitscheskij sbornik. AN SSSR, Swerdlowsk 1968. – 241 S.

Jakuzeni, W. P.

Die Geologie des Heliums
Isd-wo Nedra, Leningrad 1968. – 232 S., 32 Abb., 64 Tab.

Steinocher, V.

Die stoffliche Zusammensetzung, der provinziale Charakter und die petrographischen Verhältnisse des mittelböhmischen Plutons (Mathematische und naturwissenschaftliche Reihe des Verlags „Academia“. Jahrgang 1969/70. Heft 1.)
Verl. Academia, Prag 1969. – 100 S., 8 Abb.

Golubjow, W. S., & A. A. Gariblanz

Heterogenesevorgänge bei der geochemischen Migration
Isd-wo Nedra, Moskau 1968. – 192 S., 48 Abb., 13 Tab.

Pelíšek, J.

Geographie und Charakteristik der Böden auf den äolischen Sanden in der Tschechoslowakei
Verl. Academia, Prag 1968. – 42 S., 12 Abb., 16 Tab.

Zaruba, Qu., & V. Mencl

Rutsche und Sicherungen der Hänge (Landslides and their Control)
Verl. Academia, Prag 1969. – 206 S., zahlr. Abb.

Autorenkollektiv

Die Methodik seismischer Untersuchungen (Arbeiten des Instituts für Geologie und Geophysik. 46. Folge)
Isd-wo Nauka, Moskau 1969. – 144 S., illustr.

Antonowa, L. W., u. a.

Grundlegende experimentelle Gesetzmäßigkeiten der Dynamik seismischer Wellen
Isd-wo Nauka, Moskau 1968. – 288 S., illustr.

Kogan, R. M., u. a.

Die Grundlagen der Gammaspektrometrie natürlicher Medien
Atomisdat, Moskau 1969. – 468 S., zahlr. Abb.

Rodionow, D. A.

Statistische Methoden zur Abgrenzung geologischer Objekte nach einem Markierungskomplex
Isd-wo Nedra, Moskau 1968. – 160 S., 5 Abb., 29 Tab.

Zeitschrift für angewandte Geologie, Bd. 16 (1970), Heft 2

Informationen

Erdöl auf Kuba

Gegenwärtig gibt es drei hauptsächliche Erdölgewinnungsbereiche auf Kuba: 1. Cayos-Costa Nord, 2. Campo Habana, 3. Cuenca Central.

Im letztgenannten Feld sind die wichtigsten Lagerstätten:

a) Jaruhsca in der Provinz Las Villes. Die Produktion liegt bei 3 t/Tag.

b) Jatibonico, in der Provinz Camaguey. Hier beträgt die Förderung etwa 130 t/Tag.

c) Cristales, in der Nähe der Stadt Majagua. Die dortige Produktion von rund 240 t/Tag stammt aus 48 Sonden, die teils eruptiv sind, teils mit Pumpen gefördert werden.

Die Entwicklung der Erdgasgewinnung in der ČSSR

Die Erdgaslagerstätten der ČSSR sind in ihrer Ergiebigkeit beschränkt. Sie befinden sich vor allem bei Vysoka—Zwerndorf an der österreichischen Grenze, in Südmähren, im Gebiet von Ostrava und in der Ostslowakei. Der Erdgasbedarf des Landes kann derzeit nur zu etwa 60% gedeckt werden. Der Rest wird aus der Sowjetunion importiert. 1968 stammten aus der Eigengewinnung an Erdgas 1059 Mill. m³ (davon 833 Mill. m³ Naßgas und 226 Mill. m³ Trockengas); weitere 587 Mill. m³ wurden aus der Sowjetunion eingeführt.

Die seit Mitte 1967 in Betrieb stehende Erdgasleitung aus der Sowjetunion nimmt ihren Anfang im westukrainischen Erdgasfeld von Daschawa, führt bei Ruska, südlich von Košice, auf slowakisches Gebiet und verläuft dann weiter über Lučenec nach Sala, wo sie Anschluß an das von Bratislava kommende Verbundnetz findet. Das Gas wird mit 56 atü durch 720-mm-Rohre gedrückt. Der derzeitige Tagesdurchsatz beträgt 6 Mill. m³. Eine über Sachol nach Vysoka führende Zweigleitung stellt den Anschluß an das österreichische Gasleitungsnetz her.

Die Pläne bis 1975 sehen u. a. vor: Ausbau der bis in den Raum von Prag führenden Erdgasleitung, Bau neuer Erdgasspeicher, u. a. bei Karlovy Vary und bei Brno, Bemühungen um zusätzliche Erdgasimporte aus der UdSSR, Verlagerung einer 720-mm-Erdgashauptleitung in Richtung Hodonin und Ostrava einerseits und andererseits in Richtung auf Prag.

Erdölförderung aus größeren Meerestiefen

Bis 1971 will ein Konsortium nordamerikanischer Gesellschaften ein System entwickelt haben, mit dessen Hilfe Erdölförderarbeiten in größeren Meerestiefen ausgeführt werden können. Das System hat den Namen „Satellite". Es stellt eine am Meeresboden verankerte Station dar, die in drei Abschnitte aufgeteilt ist:

1. in einen Kontrollabschnitt, in dem im wesentlichen automatische Einrichtungen zur Regelung der Druckverhältnisse untergebracht sind; 2. in einen Bedienungsabschnitt, der Kontrolleinrichtungen für die angeschlossenen Sonden enthält; 3. in einen Ausrüstungsabschnitt mit Geräten und Apparaturen. Komplexe von diesen „Satelliten" stellen Sammelstellen für ganze Gruppen von Bohrungen dar.

Regelmäßige Kontroll-, Wartungs- und Reparaturarbeiten werden von speziell entwickelten Unterseebooten, Beaver (Biber) genannt, ausgeführt. Zusätzlich können mit diesen U-Booten auch zahlreiche leichte Arbeiten an den Sondenköpfen und bei der Vermessung des Meeresbodens ausgeführt werden.

Manganerzlagerstätte im Michigansee

Bei einer systematischen Untersuchung des Bodens des Michigansees in Nordamerika wurde an dessen Westufer auf eine Erstreckung von 80 km zwischen den Orten Marinette (Wisconsin) und Escabana (Michigan) eine bedeutende Mangananreicherung in Form von Manganknollen innerhalb einer Sandformation festgestellt. Die Breite dieses Streifens beträgt zwischen 8 und 15 km.

Anhand von 200 Proben aus dieser Sandpartie konnte mit großer Vorsicht geschätzt werden, daß diese Lagerstätte in ihren reichen Partien in den obersten 30 cm 350000 bis 500000 t Mangan (Metall) pro km² enthält. Der Umfang des höffigen Raumes wird mit 450 bis 500 km² angegeben. Die Gehalte ermutigen zu einem industriellen Abbau.

Die Proben setzten sich zu 50% Sand und 50% Erz zusammen. Der Mangangehalt der Knollen schwankte zwischen 2 und 17% (im Mittel 9%), zusätzlich treten Eisen und andere Elemente auf. Im Gegensatz zu den Manganlagerstätten auf dem Boden gewisser Bereiche des Pazifischen und des Atlantischen Ozeans in mehreren hundert Meter Tiefe liegen diese Erze hier nur unter einer Wasserüberdeckung von 15 bis 30 m und versprechen einen erfolgreichen Abbau.

Bauxitlagerstätten in Guinea

Das derzeit wichtigste Bergbauprojekt der westafrikanischen Republik Guinea sind die Erschließung und der Abbau der zu den reichsten Bauxitlagerstätten der Welt zählenden Lagerstätte von Sangaredi in der niederguineischen Region Boke. Hierzu ist der Bau einer 137 km langen Eisenbahnlinie von Sangaredi zum Hafen Kamsar erforderlich. Hier sollen bis zu 8 Mill. t Bauxit jährlich gefördert werden. Ab 1971 wird der Abbau der Lagerstätten mit einer Anfangskapazität von 1 Mill. t Bauxit beginnen, die sich bis 1977 auf etwa 6 Mill. t Bauxit pro Jahr steigern soll.

Mitwirkung von Bakterien bei der Goldgewinnung

Biometallurgische Prozesse, bei denen Gold gelöst und abgesetzt wird, werden zur Zeit in einem Laboratorium des Instituts für seltene Metalle in Irkutsk erforscht. Es wurde festgestellt, daß gewisse Schimmelpilze das Edelmetall aus goldhaltigen Erzen lösen. Anschließend wird die Schimmelpilzfolie getrocknet und die Restmasse geglüht. Es konnte bereits nachgewiesen werden, daß auf diese Weise bis zu 30% des in den Gesteinen enthaltenen Goldes in eine Lösung übergeführt werden können.

Diamantenproduktion in Afrika

Der Kontinent Afrika liefert z. Z. etwa 90% der auf dem Weltmarkt gehandelten Schmuck- und Industriediamanten. An der Spitze steht Kongo (Kinshasa). Er produziert 20 Mill. Karat und erreicht damit über die Hälfte der Weltproduktion. Als weitere Produzenten treten die Südafrikanische Republik, Ghana (mit 3 Mill. Karat), Angola, Sierra Leone, Tansania und Liberia auf. Die Länder der Franc-Zone liefern 700000 Karat. Der größte Teil der afrikanischen Diamanten wird in die Schleifereien von Großbritannien, Holland, Frankreich und Israel exportiert.

Thermalwässer in Mangyschlak

Im tiefen Untergrund der Halbinsel Mangyschlak, an der Ostküste des Kaspischen Meeres, sind Thermalwässer festgestellt worden. Eine bis 2800 m Teufe niedergebrachte Bohrung traf auf einen Wasserzufluß von mehr als 2000 m³ pro Tag und einer Temperatur von 127°C. Das Wasser tritt an die Erdoberfläche aus.

Anschließende geologische Untersuchungen haben ergeben, daß damit zu rechnen ist, auch an weiteren Stellen der Halbinsel auf ähnliche Lagerstätten zu treffen.

Von seiten sowjetischer Fachleute liegen bereits detaillierte Vorschläge zur Nutzung dieser Thermalwässer vor. Sie beziehen sich sowohl auf den Mineralgehalt mit Jod, Brom, Lithium und anderen Elementen als auch auf die Heizwirkung zur Abförderung des auf der Halbinsel gewonnenen hochviskosen Erdöls.

Aufbau der Erdkruste im Karpatenbereich

Im Bereich der sowjetischen Karpaten und in den angrenzenden Bezirken der Ukraine sind grundlegende seismische Tiefensondierungen durchgeführt worden, in deren Verlauf die Grenzen der verschiedenen Etagen der Erdkruste festgestellt werden konnten. Nach den vorliegenden Ergebnissen taucht die Oberfläche des Fundaments vom Ukrainischen Schild zu den Karpaten hin ein. Die Tiefen nehmen in der Vorkarpatensenke von 0 bis 10—12 km zu. In den Karpaten selbst liegt das Fundament 3 bis 6 km tief. Die CONRAD-Grenzfläche ist in 19 bis 22 km Tiefe anzutreffen. Ihr Eintauchen erfolgt ebenfalls in Richtung auf die Karpaten hin. Die Grenze der M-Diskontinuität taucht unter die Karpaten ab. Ihre Tiefenlage auf der Plattform beträgt 42 bis 46 km, in den Westkarpaten 22 bis 30 km, unter den Karpaten 55 bis 57 km. Die Erdkruste bildet hier die „Wurzel". Des weiteren wurden große Tiefenbrüche zwischen den Karpaten und der Transkarpatensenke, der Vorkarpatensenke und der Russischen Plattform wie auch innerhalb der letzteren festgestellt.

Untersuchungen der grönländischen Eiskalotte

Grönland birgt etwa den zehnten Teil des auf der gesamten Erde vorhandenen Süßwassers. Die „Expédition Glacéologique Internationale au Groenland" (EGIG) hat die Aufgabe, innerhalb des 1975 auslaufenden „Internationalen Hydrologischen Dezenniums" (1965—1975) dieses Reservoir mit größtmöglicher Gründlichkeit zu erforschen. Zu diesem Gremium gehören Gruppen von Wissenschaftlern aus Dänemark, Frankreich, Österreich und der Schweiz. Die Aufgabenbereiche umfassen Messungen über die Bewegungen des Eisschildes, Akkumulationsbestimmungen, Eisdickenmessungen, Aufstellen von Dichteprofilen, Feststellen der rheologischen Eigenschaften von Schnee, Eis und Firn, Temperaturmessungen und Altersbestimmungen. Von besonderer Bedeutung ist die Klärung der Fragen, die mit einer Deponierung von Atomabfällen auf dem Eis Grönlands im Zusammenhang stehen. Im Winter 1959/1960 wurde eine erste große Kampagne gestartet. 1967 und 1968 folgten Wiederholungsmessungen. Meteorologische, rheologische und kristallographische Messungen zwangen zu einer 18monatigen Überwinterung.

Die Expeditionen sind mit modernsten technischen Mitteln ausgestattet: Flugzeugen, Hubschraubern, Raupenfahrzeugen usw. Noch liegen verständlicherweise keine Einzelheiten über die Untersuchungsergebnisse vor. Die Erfolge hängen von einer minutiösen Planung und Ausführung der Beobachtungen ab.

Tiefenstruktur der Antarktis

Unter Anwendung spezieller seismischer Sondierung haben sowjetische Geologen in der Antarktis die Tiefe und den Verlauf der Grenze zwischen Erdkruste und Mantel ermittelt. Die entsprechenden Versuche wurden auf Königin-Maud-Land durchgeführt. Unter anderem konnte festgestellt werden, daß die Dicke der Erdkruste hier zwischen 32 und 55 km schwankt. Nach den bisherigen theoretischen Berechnungen sollte sie nicht mehr als 40 km betragen.

Die Unterlagen nach der Analyse der geophysikalischen Beobachtungsergebnisse zwingen dazu, die bisherigen Vorstellungen von der antarktischen Plattform als einer den anderen gleichartigen Struktur zu revidieren. Nach der endgültigen Bearbeitung des Materials im geologischen Antarktisinstitut in Leningrad wird es möglich sein, die Besonderheiten des Aufbaus der Erdkruste in den Polargebieten herauszuarbeiten und zu deuten.

Kurznachrichten

Als eine **Erdöllagerstätte** von außerordentlicher Bedeutung wird die kürzlich neuentdeckte Lagerstätte von **Samotlor** in Westsibirien bezeichnet. Für die weitere Erkundung und Inbetriebnahme sind über 2000 Bohrungen veranschlagt worden.

Im **bulgarischen** Bereich der Schwarzmeerküste ist die erste **Offshore-Bohrung fündig** geworden. Die Lagerstätte wurde schon bei einer Teufe von 361,25 m angetroffen. Sie wird als recht bedeutsam angesprochen. Das eruptiv austretende Erdöl wird als hochwertig bezeichnet.

Das z. Z. größte **Untertagespeicherprojekt** der Welt wird in **Südfrankreich,** rund 100 km nordöstlich von Marseille, ausgeführt. In etwa 20 Salzkavernen sollen hier rund 5 Mill. m^3 Rohöl gespeichert werden. Das gelagerte Rohöl dient zur Erfüllung der Bevorratungspflicht der um den Etand de Berre liegenden Raffinerien.

Im Stadtbereich von **Tbilissi**, in Georgien, wurde bei Bohrungen nach Thermalwasser eine neue **Erdgaslagerstätte** entdeckt. Das Erdgas trat zugleich mit dem heißen Wasser aus. Durch Bohrungen in größeren Tiefen sollen die Zusammenhänge geklärt werden.

Kürzlich wurde in **Syrien**, bei Soukhne, etwa 70 km nordöstlich von Palmyra, eine neue **Erdgaslagerstätte** entdeckt. Es ist geplant, das dortige Erdgas als Rohstoffbasis für das im Bau befindliche Kraftwerk Tel Adass zu verwenden.

In **Ostgrönland** sind umfangreiche **Uranlagerstätten** festgestellt worden. Für einen Abbau am interessantesten scheinen Schichten am Skovsfjord zu sein. Dänische Experten schätzen die dortigen Vorräte auf 24000 t.

Die **Kupferlagerstätten** auf **Bougainville**, einer der Salomoninseln, werden in Kürze in Abbau genommen. Die Vorräte sollen 200 Mill. t betragen. Hauptinteressent ist Japan, das ab 1972 mit Kupferlieferungen in der Größenordnung von 160000—170000 t jährlich rechnet.

Bei Kampalda, in der Region Kalgoorlie in **Westaustralien,** wurde eine lateritische **Nickellagerstätte** entdeckt. Bei einer neuerlichen Überprüfung erwiesen sich die Vorräte als so ausreichend, daß ein Abbau in Aussicht genommen wird. Man rechnet bereits 1972 mit einer Jahresproduktion von 30000 t Nickel.

In den **Magnesitindustriewerken** in Tiszavárkony soll ein Versuchsbetrieb mit einer geplanten Jahresleistung von 1200 t errichtet werden. Auf Grund eines neuen Verfahrens wird das Magnesit unter Verwendung von einheimischem Dolomit und kohlensäurehaltigem Erdgas hergestellt werden.

Die Gewinnungsanlage für **Quecksilber** bei Anaba in **Algerien** hat ihre Arbeit aufgenommen. Dort wurde bereits vor einiger Zeit eine sehr ertragreiche Quecksilberlagerstätte entdeckt, deren Vorräte zur Zeit auf 288900 t geschätzt werden.

Der einzige Platinerzeuger in **Südafrika** ist das Bergwerk in Rüstenburg. Seine Jahresproduktion liegt ziemlich konstant bei 17 t **Platin.**

In Zeleznice, in der **ČSSR,** nahm kürzlich ein **Bentonitwerk** den Probebetrieb auf. Jährlich sollen dort 100000 t Bentonit gewonnen werden. Damit kann der Landesbedarf für die Metallurgie, das Bauwesen und die Landwirtschaft gedeckt werden.

Aus einer 900 m tiefen Bohrung in einem Vorort von **Alma-Ata** tritt seit einiger Zeit eine starke **Heißwasserquelle** aus. Damit wurden die Vermutungen sowjetischer Wissenschaftler bestätigt, die das Vorhandensein großer unterirdischer Thermalwässer vorausgesagt haben.

Die Nutzung eines der größten artesischen **Wasserreservoire** der Sowjetunion, in der **Kysyl-Kum-Wüste** wurde in Angriff genommen. Ihrer Oberfläche nach — ca. 20 Mill. ha — machen diese Wassermassen etwa die Hälfte des Kaspischen Meeres aus. Bereits die ersten Förderbohrungen lieferten täglich 1000 m^3 Wasser. Es dient zur Versorgung der Landwirtschaftsbetriebe.

Sowjetische Wissenschaftler haben im Fernen Osten **Unterwasserbeobachtungen in Kraterseen** eingeleitet. Das erste Laboratorium dieser Art befindet sich im Vulkan der Kurileninsel Kunaschir. Die Vulkanologen untersuchen dort die Bedingungen bei der Bildung von Eisen-Manganerz-Konkretionen vulkanischen Ursprungs.

In **Peru** wird mit einem 15 km langen Tunnel, dessen Bau kürzlich beschlossen wurde, ein Kordillerenstrang durchfahren. Das Projekt kostet 61,6 Mill. DM. Es stellt den wichtigsten Bauabschnitt des gewaltigen Majes-**Bewässerungsprojektes** dar, dessen Gesamtkosten sich auf 560 Mill. DM belaufen sollen.

Herausgeber: Zentrales Geologisches Institut im Auftrag des Staatssekretariats für Geologie beim Ministerrat der Deutschen Demokratischen Republik. Für die kollektive Chefredaktion: Dr. K. KAUTER (Redaktionssekretär), Berlin. Redaktion: 1054 Berlin, Zionskirchstraße 34 (Fernsprecher 42 60 01). Verlag: Akademie-Verlag GmbH, 108 Berlin, Leipziger Straße 3—4 (Fernsprecher 22 04 41, Telex 011 2020, Postscheckkonto: Berlin 35021). Bestellnummer des Heftes 1047/16/2. Alleinige Anzeigenannahme DEWAG-WERBUNG, 102 Berlin, Rosenthaler Str. 28—31, und alle DEWAG-Betriebe in den Bezirksstädten der DDR. Die „Zeitschrift für angewandte Geologie" erscheint monatlich, Exportpreis: M 6,— Sonderpreis für die DDR M 2,— je Heft. — Satz und Druck: VEB Druckhaus „Maxim Gorki", 74 Altenburg. Veröffentlicht unter der Lizenznummer 1279 des Presseamtes beim Vorsitzenden des Ministerrates der Deutschen Demokratischen Republik, Kartengenehmigung Nr. 969/69, 1076/69, 8/70.

34114

Scheinwiderstandsmesser

IKS-1
IKS-50
IKS-600

Die Geräte sind für elektrische Widerstandsmessungen bei der geologischen Kartierung im Maßstab 1:25000 und größer geeignet.

Anwendungsbereiche: Suche und Erkundung von Erzlagerstätten (Eisen- und Nichteisenerze, Kupferkies- und Kupfer-Nickel-Lagerstätten, seltene Erden und Edelmetalle, Uranerze usw.) sowie Nichterz-Lagerstätten (Steinkohle, Graphit, Glimmer, Piezoquarz, Salze, Baustoffe);
hydrogeologische Erkundungsarbeiten, Bestimmung der Fließrichtung und -geschwindigkeit des Grundwassers;
ingenieurgeologische Arbeiten, Untersuchung von Verfrostung und Verkarstung, Bestimmung der Mächtigkeit von Lockergesteinen und Lokalisierung von Kluftzonen;
archäologische Arbeiten;
landwirtschaftliche Untersuchungen: Bestimmung des Salzgehaltes von Böden usw.

Wichtigste Daten:

Generatorenleistung – 1 bis 600 VA
Betriebsfrequenz – 22,5 Hz
Empfindlichkeit – 8 μV
(Vollausschlag des Mikrovoltmeters)
Die Apparatur ist tragbar und stabil im Betrieb.

Anfragen erbeten an:

V/O Machinoexport

UdSSR, MOSKAU W-330 TELEX: 207

Zeitfracht Medien GmbH
Ferdinand-Jühlke-Straße 7
99095 Erfurt, Deutschland
produktsicherheit@kolibri360.de